NOUVELLE

PHYSIOLOGIE

MÉDICALE.

NOUVELLE PHYSIOLOGIE MÉDICALE,

OU

SIMPLE EXPOSITION

DE LA MANIÈRE DONT SE FORMENT, VIVENT ET MEURENT

LES APPAREILS DE L'HOMME ;

Par J. L. M. Rouzé,

DOCTEUR EN MÉDECINE, BACHELIER-ÈS-LETTRES DES
ACADÉMIES DE PARIS, ET L'UN DES FONDATEURS DE
LA SOCIÉTÉ MÉDICALE ET LITTÉRAIRE DE RENNES.

*La Physiologie est le flambeau
de la Médecine.*

SE TROUVE A PARIS,

CHEZ M. BAILLIÈRE, LIBRAIRE, RUE DE L'ÉCOLE DE
MÉDECINE , N.º 16.

RENNES — 1819.

Tout exemplaire qui ne sera pas revêtu de la signature de l'Auteur, sera réputé faux, et le contrefacteur poursuivi suivant la rigueur des lois.

J'assure à celui qui m'en fera connaître le contrefacteur, distributeur ou débitant, la moitié du dédomagement que la loi accorde.

A RENNES, DE L'IMPRIMERIE DE CHAUSSEBLANCHE,
DERRIÈRE LE PALAIS.

INTRODUCTION.

L'OBJET de cet ouvrage est de faire connaître de quelle manière se forment, vivent et meurent les appareils de l'homme.

Pour parvenir à la solution de ces phénomènes physiologiques, il est nécessaire de rapprocher les végétaux des animaux, de comparer les élémens dont ils sont formés, et de les rassembler ensuite, pour en tirer des conséquences générales.

Tout végétal parfait est primitivement formé de fluides (1), d'un épiderme, d'un

---

(1) Notre intention était de commencer cet ouvrage par l'examen général des fluides, et de faire part des remarques que nous aurions faites sur les transformations qu'ils subissent, en devenant solides. Mais ce travail exige des expériences trop longues, et d'une difficulté telle, qu'il nous eût

derme, d'un tissu cellulaire qui se transforme différemment, de vaisseaux et d'un système médullaires. Ces élémens réunis, après avoir formé le tronc du végétal, se prolongent, en dernier lieu, sous la forme de racines et de rameaux.

L'animal, composé de tous les élémens du végétal, n'en est séparé que par ses fluides et son tissu musculaire. Mais tous les deux introduisent de telles modifications dans le mécanisme animal, que chaque élément dont il est formé, paraît avoir non seulement une nature différente, mais encore, après leur réunion, les appareils, au lieu de s'étendre, comme les rameaux du végétal, se re-

---

été impossible de les surmonter dans la situation où nous nous trouvons. C'est pourquoi il nous a paru plus convenable de le commencer par l'examen des solides, nous reservant pour un autre temps de remplir un vide, plutôt curieux que nécessaire aux progrès des sciences naturelles.

plient au contraire, et se dirigent vers la face internedu tronc (1) qui leur a donné naissance.

Cependant, dans cette dernière séparation du règne végétal et du règne animal, la nature s'est ménagée une transition que nous présentent les organes générateurs, puisqu'ils sont formés dans les deux règnes, par un replis des tissus simples d'où ils proviennent.

C'est cette similitude qui nous a fait préjuger que le tronc et les organes reproducteurs de l'animal, sont les deux premiers appareils formés. D'accord avec les naturalistes, nous admettons pour

---

(1) Les mots *enveloppe extérieure de l'animal*, ou plutôt *des appareils*, désignant à la fois les tissus compris entre l'épiderme et les membranes séreuses, nous ont paru très-convenables pour remplacer le mot *tronc*; c'est pourquoi nous nous en sommes très-souvent servis dans le cours de cet ouvrage.

le troisième, le canal alimentaire, qui lui-même produit les poumons, sans lesquels le cœur serait inutile.

C'est alors que ces quatre appareils ont besoin de trois agens accessoires, pour entendre, sentir et voir les différens corps de la nature, qui tendent à la conservation ou à la destruction de l'animal.

Enfin, de chacun de ces appareils naissent graduellement les vaisseaux circulatoires, au milieu desquels on observe les fluides qui entretiennent, dans l'état de vie, les solides et le système nerveux.

Étant formés dans l'ordre établi, les appareils entrent en action dans cet ordre; mais pour en avoir la certitude, il faut considérer la vie des animaux sous un point de vue très-étendu.

Il est alors évident que le végétal et l'animal ne peuvent présenter au contact des corps extérieurs, le tronc, les organes génitaux, le canal alimentaire, les poumons, les appareils auditifs, olfactifs, oculaires et circulatoires, que dans l'ordre graduel de leur formation, et pourquoi l'homme serait-il dispensé de subir cette loi commune des êtres de la nature.....

En dernier lieu, le phénomène de la formation et de la vie s'étant opéré, tout les êtres animés meurent en commençant par les organes circulatoires. En effet, ce sont eux qui cessent les premiers d'entretenir la vie des organes de la génération, des rameaux les plus élevés du végétal......

Les animaux pourvus d'un tronc, d'organes génitaux, d'un canal alimentaire, de poumons, commencent aussi à perdre la vie par l'appareil circulatoire qui, lui-même, fait ensuite périr les poumons, le canal alimentaire, etc.

L'homme décrépit est soumis aux mêmes lois. On observe qu'il est successivement

privé de l'usage de la vue, de l'odorat,
de l'ouïe, des poumons, du canal alimentaire, des organes génitaux et du tronc
lui-même, faute d'être alimentés par les
vaisseaux, comme si la nature voulait
nous faire passer graduellement de la vie
à la mort.

NOUVELLE PHYSIOLOGIE MÉDICALE.

~~~~~~~~~~

Chapitre premier.

CONSIDÉRATIONS GÉNÉRALES

SUR

LES DIFFÉRENS TISSUS

QUE PRÉSENTENT LES ANIMAUX.

~~~~~~~~~~

PARAGRAPHE PREMIER.

TISSU ÉPIDERMOIQUE.

~~~~~~~~~~

L'OBSERVATION démontre qu'il existe à l'extérieur des animaux, un tissu membraniforme qu'on appèle épiderme ; que ce tissu se divise d'autant plus que l'animal est plus compliqué ; que de l'enveloppe
~~~~~~~~~~

extérieure, il se replie pour tapisser d'une part, la face interne des organes génitaux, et d'autre part, la face interne du canal alimentaire et celle des poumons; que des parties supérieures de l'enveloppe extérieure et du canal alimentaire, ce tissu membraniforme gagne les appareils auditifs, olfactifs, oculaires, et se replie de chaque appareil, pour tapisser l'intérieur des vaissaux absorbans, veineux, artériels et excréteurs; qu'il est continu et ne présente aucune différence fondamentale, comme va le prouver son examen dans chaque appareil en particulier, et dans son ensemble.

Le tissu épidermoïque recouvre la surface de la tête, du cou, du thorax, des bras et de leurs divisions; il recouvre aussi la surface inférieure du tronc, d'où il se dirige vers les organes génitaux de l'un et l'autre sexe, et vers les membres abdominaux, où il se divise et se termine.

Aux organes génitaux, il n'existe aucune séparation bien tranchée entre l'épiderme, proprement dit, et la membrane muqueuse de ces organes.

Chez l'homme, la membrane muqueuse commence au prépuce, se replie sur le gland, pénètre ensuite dans le canal de l'urètre, dans la vessie, dans les canaux déférens, etc.

Chez la femme, là où les physiologistes ne reconnaissent plus d'épiderme, commence la membrane muqueuse des organes génitaux internes. Ces deux tissus sont unis comme chez l'homme; et le tissu épidermoïque, devenu muqueux, se replie sur les parties internes des grandes et des petites lèvres, etc., pénètre dans le vagin, dans l'utérus, et vient se terminer dans les trompes de falloppe, où il s'unit avec la membrane péritonéale.

Le tissu épidermoïque, après avoir recouvert l'enveloppe extérieure de l'homme, et tapissé l'intérieur des organes génitaux, se termine en partie dans ces derniers appareils; tandis qu'il se replie, de la partie supérieure de l'enveloppe des animaux, pour entrer dans le canal alimentaire, et prendre le nom de membrane muqueuse de ce canal.

Comme aux organes génitaux, cette membrane muqueuse du canal alimentaire

commence, suivant l'opinion des anatomistes, précisément où finit l'épiderme ;
pénètre dans l'intérieur de la bouche pour
la tapisser, se dirige ensuite vers le
pharynx, l'œsophage, l'estomac, le duodénum, les intestins grêles et les gros intestins : enfin la membrane muqueuse du
canal alimentaire vient aboutir à l'anus,
et s'unit alors si intimement à l'épiderme
de cette partie, qu'il est impossible de
déterminer la ligne d'union, ou de séparation de ces membranes.

Du canal alimentaire, la membrane
muqueuse se dirige sans interruption vers
la face interne du larynx, et le tapisse inté-
rieurement, ainsi que la trachée-artère,
les bronches et les cellules bronchiques,
où elle se capillarise.

Des parties supérieures de l'enveloppe
extérieure et du canal alimentaire, l'épiderme et la membrane muqueuse vont
tapisser l'oreille externe et l'oreille interne,
l'extérieur et l'intérieur du nez, la face
interne du canal lacrymal, la face antérieure du globe de l'œil, et la face interne
et externe des paupières.

Enfin, de chaque appareil, en suivant

la gradation que la nature a mise à les former, les tissus épidermoïque cutané et muqueux, se replient pour aller tapisser la face interne des vaisseaux absorbans, des vaisseaux veineux en général ; du ventricule et de l'oreillette droite du cœur, de l'artère pulmonaire, du canal artériel, des quatre veines pulmonaires, de l'oreillette et du ventricule gauches du cœur; de l'aorte et de ses divisions.

Cette description générale des tissus épidermoïque et muqueux, ne présente pas seulement l'avantage d'être plus facile à concevoir et à retenir que celles qu'on a données jusqu'ici ; mais elle en offre un plus grand encore en histoire naturelle : c'est celui de faire voir beaucoup de choses d'un même coup-d'œil. En effet, après les détails dans lesquels nous venons d'entrer, il suffit de connaître les appareils, pour se rappeler qu'il existe à la surface du corps, le tissu que l'on nomme épidermoïque ; que ce tissu s'unit avec la membrane muqueuse des organes génitaux, et que celle-ci n'en est que la continuation ; qu'à la partie supérieure du trone, la membrane épidermoïque prend

le nom de muqueuse du canal alimentaire, en pénétrant dans ce canal ; que
cette membrane muqueuse passe du canal
alimentaire dans les poumons, et prend
le nom de bronchique ; que des parties
supérieures de l'enveloppe extérieure et
du canal alimentaire, les tissus épidermoïque et muqueux vont tapisser les appareils auditifs, olfactifs, oculaires, et
que, de chaque appareil, ces deux tissus
se replient, pour tapisser la face interne
des vaisseaux absorbans, veineux, artériels et excréteurs.

OBSERVATIONS PHYSIOLOGIQUES.

Le trajet des tissus épidermoïque et
muqueux étant connu, il s'agit de prouver leur identité de nature et de propriété.

1.° Nous avons disséqué avec le plus grand
soin la membrane épidermoïque, qui devient muqueuse dans ses passages successifs
des organes génitaux externes aux organes
génitaux internes ; de l'extérieur des lèvres
dans le canal alimentaire ; de celui-ci
dans les poumons, etc., et nous avons tou-

jours remarqué que l'une de ces membranes anticipait manifestement sur l'autre.

2.º Nous avons mis à macérer, l'extrémité de la verge, les lèvres d'un canal alimentaire, la partie supérieure du larynx, etc. de plusieurs individus, sans avoir pu enlever isolément la membrane épidermoïque et muqueuse d'un appareil.

3.º Nous avons examiné sur un grand nombre de sujets, la texture de l'épiderme comparativement avec la texture des membranes muqueuses, et nous avons toujours trouvé l'une parfaitement semblable à l'autre. Les membranes muqueuses ne paraissent différer des membranes épidermoïques, que par leur ténuité, le coloris que leur donne les tissus sous-jacens, et le mucus qu'on observe à leur surface libre.

4.º Les mêmes liens qui unissent la membrane épidermoïque aux tissus sous-jacens, unissent aussi les membranes muqueuses aux tissus qui leur correspondent, puisque toutes les deux peuvent être détachées dans les mêmes circonstances, et par les mêmes agens, et se reproduire quand elles ont été détruites.

5.º L'épiderme, comme les membranes

muqueuses, protège les extrémités des capillaires et les expansions nerveuses ; car sans l'existence de ces tissus, le sang sortirait de ses vaisseaux, et les nerfs seraient incapables de supporter le contact des corps extérieurs.

6.° Enfin, puisque les membranes épidermoïques et muqueuses sont continues ; qu'elles ont la même texture ; qu'elles sont unies par les mêmes liens aux tissus sous-jacens ; qu'elles protègent également les tissus auxquels elles correspondent ; on peut affirmer que ces membranes ne sont pas plus susceptibles de maladies l'une que l'autre ; et que l'épiderme et les membranes muqueuses des animaux, peuvent être comparés à l'épiderme des végétaux ; lequel enveloppe, sans interruption, non-seulement le tronc d'un végétal, mais encore tous les rameaux qui en partent : de même aussi l'épiderme des animaux, après en avoir recouvert le tronc et ses appendices, va tapisser toutes les cavités muqueuses qu'on observe chez eux.

§. 2.

TISSU DERMOIQUE.

Le derme est le second tissu qu'on observe aux côtés interne et externe des tissus épidermoïques et muqueux.

Il suit ces tissus dans toutes les parties où ils sont existans; il varie comme eux en épaisseur et en densité; tantôt il est très-apparent; d'autres fois on peut à peine l'appercevoir par le secours des dissections et des macérations.

Il se capillarise et reparaît, pour disparaître et reparaître encore avec ses premiers attributs; enfin, il est infiniment variable, selon les appareils où on l'observe.

On doit donc le considérer sous le même point de vue que les tissus épidermoïques et muqueux.

Et d'abord, l'épiderme enlevé, le derme cutané est apparent. C'est un tissu d'une nature particulière, remarquable dans toutes les parties où il existe, suivant les différentes transformations du tissu épidermoïque, enveloppant la tête, le cou, le thorax et ses appendices, la partie inférieure du tronc, les organes génitaux externes, et enfin, les membres abdominaux, où il se divise et se termine.

En second lieu, de l'enveloppe extérieure des animaux, il se replie pour former les appareils de la génération, de manière que par ce repli, le tissu épidermoïque, d'externe qu'il était, devient interne.

Chez l'homme, il pénètre de l'enveloppe extérieure, dans le canal de l'urètre, s'unit d'une part avec le tissu dermoïque des voies urinaires; et de l'autre, il s'avance, par les canaux déférens, dans les testicules, etc.

Chez la femme, il va, de l'enveloppe extérieure, former les grandes et les petites lèvres, le clitoris, une partie du canal de l'urètre, le vagin, la matrice et les trompes utérines.

De la partie supérieure de l'enveloppe

extérieure, il se replie pour entrer dans la formation de la bouche en général, du pharynx, de l'œsophage, de l'estomac, du duodénum , des intestins grèles et des gros intestins, où il se termine , en s'unissant au derme cutané qui lui correspond.

Le derme muqueux du canal alimentaire passe dans les poumons, sans subir d'interruption. Il se divise, comme la membrane muqueuse des poumons, au côté externe de laquelle il est situé. Enfin, il devient tellement ténu dans les extrémités bronchiques, qu'il est imperceptible à nos sens.

Des parties supérieures de l'enveloppe extérieure et du canal alimentaire, les tissus dermoïque cutané et muqueux, se dirigent vers les appareils auditifs, olfactifs et oculaires ; entrent dans leur formation, s'y divisent et s'y perdent.

Enfin , de l'enveloppe extérieure des animaux, et de la face interne des appareils en général , les tissus dermoïque cutané et muqueux se replient , pour former les canaux absorbans , veineux, artériels et excréteurs , suivent le trajet

de ces vaisseaux , et se terminent avec
eux.

OBSERVATIONS PHYSIOLOGIQUES.

Pour acquérir la connaissance particulière et générale du second tissu primitif
que présentent les animaux , il faut moins
s'arrêter aux différentes modifications qu'on
observe à ce tissu , qu'à le considérer, dans
chaque appareil , comme une division du
même tout , devant être en harmonie avec
l'appareil où on l'observe, et s'embrancher
comme les tissus épidermoïque et muqueux , de manière que l'un produise
l'autre ; que le derme cutané, par exemple,
donne naissance au derme des parties
génitales et du canal alimentaire , qui
produit à son tour le derme pulmonaire ;
que des parties supérieures de l'enveloppe
extérieure et du canal alimentaire, naissent les tissus dermoïque cutané et muqueux des appareils auditifs , olfactifs ,
oculaires, et en dernière analyse, que les
tissus dermoïque et muqueux, se replient
autant de fois qu'il y a de vaisseaux à

prendre naissance aux appareils de l'homme, etc.

Le derme général des animaux étant ainsi présenté, il s'agit de déterminer par des expériences et des observations, s'il est situé au côté interne de l'épiderme, et au côté externe des membranes muqueuses des appareils; s'il est continu dans ses différentes divisions; si sa texture est fondamentalement semblable, et ne présente pas de nuances différentes dans son trajet général, ou dans son passage de l'un à l'autre appareil; s'il est également criblé d'ouvertures dans ses différentes divisions; s'il est sensible, etc.

Nous sommes parvenus à enlever isolément plusieurs parties de membranes muqueuses de chaque appareil, et nous avons observé qu'à leur côté externe, il y a un tissu semblable au derme cutané.

Les observations que nous avons faites sur les cadavres, pour nous assurer si le derme général des animaux subissait des interruptions, en se divisant, nous ont démontré qu'il n'en existait aucune.

La texture générale du derme présente

les mêmes caractères fondamentaux, soit qu'on l'examine à l'enveloppe extérieure des animaux, ou à l'appareil génital, alimentaire, respiratoire, etc.; nous en avons du moins fait l'analyse anatomique et chymique, sans avoir pu trouver de différences que celles qui dépendent d'abord de sa plus ou moins grande ténuité dans chaque appareil où on l'examine; ensuite de la doublure qu'il forme aux organes génitaux, au canal alimentaire, aux poumons, etc.; enfin, des propriétés dont il jouit étant double ou simple, ou quand il est plus ou moins ténu.

Non seulement les ouvertures dermoïques existent pour livrer passage aux faisceaux vasculaire et nerveux; mais elles suivent une progression décroissante, de l'enveloppe extérieure des animaux, à l'appareil circulatoire général, parce que les vaisseaux et les nerfs qui traversent le derme sont d'autant moins nombreux, qu'on les observe dans des appareils moins vivans.

Nous avons irrité, avec la pointe d'une aiguille, le derme des organes génitaux, de l'appareil circulatoire, etc. d'animaux vivans, sans nous être apperçu que le sujet témoignât aucune sensibilité. Nous avons de plus enfoncé la pointe d'un instrument acéré dans différentes parties de l'enveloppe extérieure d'animaux vivans, où nous soupçonnions qu'aucun nerf ne traversait cette enveloppe, et quand nous étions assez heureux pour bien rencontrer, les animaux ne témoignaient encore aucune sensibilité. Nous avons plusieurs fois réitéré les mêmes expériences sur nous-même, et nous nous sommes assuré que le derme cutané était insensible.

Enfin, la raison de ces phénomènes nous a paru exister dans les considérations suivantes : le derme existe chez les premiers animaux, avant les vaisseaux et les nerfs; quand on retranche un nerf d'une certaine partie du derme, cette partie devient insensible; donc, par lui-même, le derme est et doit être insensible.

Puisque le derme général des appareils est situé au côté interne de l'épiderme, et au côté externe des membranes muqueuses; qu'il est non interrompu; que sa texture générale est fondamentalement semblable chez tous les animaux; qu'il est, dans toutes ses ramifications, plus ou moins criblé d'ouvertures ; qu'il est généralement insensible ; il s'ensuit qu'il n'y a point de différence à établir entre le derme de l'enveloppe extérieure et le derme des autres appareils , et que chacun d'eux a pour usage de protéger les parties sensibles qui le traversent.

§. 3.

TISSU MUSCULEUX,

Le derme enlevé, on apperçoit le tissu musculaire.

Ce tissu , plus ou moins répandu dans tous les appareils, est rassemblé en grosses masses distinctes , à l'enveloppe extérieure des animaux.

Aux organes génitaux, il se présente sous une autre forme qui diffère encore de celle qu'on observe au canal alimentaire, aux poumons, etc.; comme on peut s'en convaincre, en le suivant dans les appareils, d'après les descriptions générales qui vont en être données.

Le tissu musculeux de l'enveloppe extérieure des animaux, et de l'homme en particulier, est situé à la face interne du derme cutané. Il est ordinairement peu apparent à la partie supérieure de la tête; tandis qu'il est très prononcé sur ses parties latérales, antérieure, postérieure et inférieure. Il est d'autant plus apparent, qu'on l'observe plus près du cou, où il est encore bien moins prononcé qu'il ne l'est aux différentes régions du thorax et de ses appendices, à toutes les régions qui se rattachent à la partie inférieure du tronc et aux membres abdominaux, aux extrémités desquels il va se diviser et se terminer.

Aux organes génitaux, ce même tisssu s'étant replié à la face externe du derme de ces organes, s'enfonce, *chez l'homme*, dans l'intérieur de la verge, s'unit d'un côté avec le tissu musculeux des voies urinaires, et de l'autre, pénètre par les canaux déférens, jusqu'aux testicules, en disparaissant par nuances insensibles.

Chez la femme, après s'être replié au côté externe du derme des grandes et des petites lèvres, du clitoris, du canal de l'urètre, où il s'unit avec le tissu musculeux des voies urinaires, il pénètre dans la matrice, et dans les trompes utérines, et il s'y termine, en conservant les mêmes rapports que dans les autres parties du même appareil.

De la partie supérieure de l'enveloppe extérieure des animaux, il se replie au côté externe du derme muqueux du canal alimentaire, forme la face interne des lèvres, en grande partie les gencives; la langue, la bouche en général, le pharynx, l'œsophage, l'estomac, le duodénum, le jéjunum, l'iléon, le colon et le rectum. Très apparent, et même divisé en faisceaux à la partie supérieure du canal alimentaire, il devient de moins en moins remarquable, depuis l'estomac, jusqu'au colon; ensuite il reparaît progressivement dans le rectum, à la partie inférieure duquel il est très-prononcé.

Du canal alimentaire, il se replie pour former la partie supérieure du larynx, le larynx lui-même, la trachée-artère, où il diminue graduellement, en suivant le trajet des bronches; enfin, il devient tellement ténu, en se capillarisant, qu'on ne saurait l'appercevoir.

Des parties supérieures de l'enveloppe extérieure et du canal alimentaire, il passe dans chacun des appareils auditif, olfactif et oculaire; et l'on remarque qu'il est plus prononcé à l'origine de chacun de ces appareils, que dans le trajet qu'il a à parcourir, avant de s'y terminer.

Enfin, de l'enveloppe extérieure, comme des organes génitaux du canal alimentaire, etc., le tissu musculeux se replie pour former les canaux absorbans, veineux, artériels, et excréteurs, suit le trajet de ces canaux, et se capillarise avec eux, pour reparaître ensuite.

OBSERVATIONS PHYSIOLOGIQUES.

Qu'on examine le tissu musculeux, à l'enveloppe extérieure de l'animal, ou aux organes génitaux, au canal alimentaire, aux poumons, aux appareils auditifs, olfactifs, oculaires, et aux canaux absorbans, veineux, arteriels et excréteurs, on le trouvera constamment situé au côté interne du derme cutané, et au côté externe du derme muqueux, jouissant plus ou moins, dans chacun de ces appareils, de la propriété contractile ; prenant la forme et le volume qui conviennent à chaque appareil ; s'attachant aux tissus voisins, par le moyen d'un tissu cellulaire, différemment conformé ; ayant d'autant plus d'apparence dans une partie, que cette partie exécute plus de mouvemens, *et vice versâ*, se repliant d'un appareil dans l'autre, où il va se distribuer ensuite : d'où résulte qu'infiniment variable dans les différens appareils où on l'examine, il n'est pas moins fondamentalement de même nature, et doit être considéré comme un des tissus simples qui entrent dans la formation des appareils.

§. 4.

TISSU CELLULAIRE.

Les tissus généraux que l'on vient d'examiner, ne sont pas les seuls qui composent les différens appareils de l'homme :

Il en est plusieurs autres d'une nature particulière ; il en est un sur-tout, appellé *tissu cellulaire*, répandu dans toutes les parties de l'animal, et qui s'interpose entre l'épiderme, le derme, les muscles etc., pour les unir entr'eux. Ce tissu paraît servir de base à tous les tissus primitifs, puisqu'il existe chez l'embryon, quand il est impossible d'appercevoir les autres ; il se transforme en lamelles, en lames et en membranes plus ou moins étendues, d'un tissu plus ou moins serré, et d'une forme plus ou moins régulière, il se distribue en faisceaux, retenant au milieu d'eux des fluides qui se concrètent, et qui, dans certains cas, acquièrent une telle solidité, qu'ils servent de soutien à tous les appareils, et de charpente à l'animal.

A l'enveloppe extérieure de l'homme, on voit à la tête que le tissu cellulaire unit l'épiderme avec le derme ; devient plus lâche, pour se convertir en une membrane qui recouvre la surface des muscles craniens ; se condense une autre fois, et prend la forme d'une membrane appelée péricranienne. Le tissu cellulaire, après avoir donné naissance à cette membrane, devient moins dense, avant de former différens canevas, au milieu desquels viennent se concréter les fluides qui leur donnent cette différence qui les caractérise, et les a fait appeler par les anatomistes, tendons, cartilages et os du crâne; enfin, les os du crâne formés, on observe que le tissu cellulaire de cette partie s'épanouit pour former une membrane qui a reçu le nom de dure-mère, laquelle étant très-lisse par son côté libre, enveloppe non seulement toute la substance cérébrale, mais forme encore, à sa sortie du crâne, des tuyaux plus ou moins grands, pour recevoir et accompagner tous les prolongemens du cerveau.

Au cou, comme à la tête, le tissu cellulaire unit successivement l'épiderme et le derme; devient lâche avant de former une ou plusieurs membranes, qui recouvrent les muscles des diverses régions du cou; se détache de ces membranes, pour s'enfoncer entre les fibres musculaires, etc.; forme ensuite de nouvelles membranes plus ou moins remarquables, pour favoriser le mouvement et le glissement

..... eux ; pénèt..... —

les parties voisines, les composés des
tissus simples examinés ; se convertit en
trames, au milieu desquelles les fluides
se concrètent ou se solidifient ; enfin, le
tissu cellulaire du cou se termine en
s'épanouissant sous la forme d'une membrane qui tapisse le canal vertébral ; laquelle n'étant que la continuation de la
dure-mère, se divise, comme elle, en
tuyaux qui reçoivent au milieu d'eux
les prolongemens nerveux de la moëlle
épinière du cou.

Le tissu cellulaire passe du cou à la
poitrine ; unit, comme à la tête et au cou,
l'épiderme avec le derme des différentes
régions de la poitrine et des appendices
qui en dépendent ; se convertit en membranes plus ou moins épaisses, immédiatement au dessous du derme thoracique ;
s'enfonce au milieu des muscles qui correspondent à ce derme ; les traverse et s'en
détache par lamelles diversement arran-
gées, reparaît sous forme de membranes
qui recouvrent la surface des os du thorax,
et celle des os des membres thoraciques ;
se convertit en ligamens et en trames.

différentes, au milieu desquelles les fluides
deviennent plus ou moins concrets ; enfin
ce tissu se confond, à la face interne des
os du thorax, avec le tissu cellulaire qui
unit ici les os, les muscles, etc., avant de
former, en dernier lieu, une partie de
la membrane pleurale, et en totalité, la
membrane qui retient au milieu d'elle, la
moëlle osseuse qu'on observe dans les os
qui forment les membres thoraciques, etc.

Du thorax, le tissu cellulaire passe sans
interruption de l'épiderme au derme de
la partie inférieure du tronc et des membres abdominaux ; devient lâche et celluleux à la face interne du derme ; se déploie
en membranes plus ou moins étendues,
d'apparences, de formes et de consistances
diverses ; enveloppe tous les muscles, etc. ;
se divise pour pénétrer dans tous les inter-
stices de la partie inférieure du tronc et
des muscles abdominaux ; franchit ceux-ci,
et devient lâche encore, pour se condenser
de nouveau, sous la forme de membranes
qui recouvrent les vertèbres lombaires, les
os du bassin et des membres abdominaux ;
s'identifie avec ces parties ; forme le canevas des ligamens, des tendons et des diffé-

rens os qui composent l'épine dorsale, les parois abdominales, le bassin et les membres abdominaux ; se convertit d'une part, au milieu des vertèbres, en une membrane qui enveloppe la moëlle épinière et ses prolongemens ; et d'autre part, en une membrane au milieu de laquelle se trouvent les sucs et la moëlle osseuse des os de la partie inférieure du tronc. Enfin, le tissu cellulaire, après avoir franchi les tissus qui composent les régions antérieure, postérieure et latérales de la partie inférieure du tronc, s'épanouit en une membrane, appelée par les atanomistes, *péritoine*, et formée en partie par la terminaison de ce tissu. Cette membrane péritonéale, adhérente par sa face externe à toutes les parties dures et molles auxquelles elle correspond, est lisse et libre, dans son côté correspondant aux viscères contenus dans la cavité abdominale.

De l'enveloppe extérieure de l'homme, le tissu cellulaire se replie avec les tissus qui forment les organes génitaux internes des deux sexes ; s'interpose entre la membrane muqueuse de ces organes et le derme adjacent ; traverse celui-ci, et devient un plus lâche, avant de s'en ....le tissu musculeux correspondant; enfin, dans ses passages successifs, le tissu cellulaire des organes génitaux internes se déploie en membranes, et peut se transformer en trames diverses, comme le tissu cellulaire de l'enveloppe extérieure, mais dans des nuances particulières aux organes génitaux internes de l'homme et de la femme.

De la partie supérieure de l'enveloppe extérieure, le tissu cellulaire se replie et s'enfonce dans le canal alimentaire, entre la membrane muqueuse de ce canal, le derme, le tissu musculeux, etc.; il unit tous ces tissus entr'eux, les pénètre dans toutes leurs directions, avant de se confondre avec le tissu cellulaire des viscères contigus, situés à la partie supérieure du canal alimentaire; tandis qu'à la partie inférieure de ce même canal, depuis l'estomac jusqu'au rectum, le tissu cellulaire, au lieu de se confondre avec les viscères contigus, se condense, pour former la membrane péritonéale qui enveloppe l'extérieur de l'estomac, du duodénum, du jéjunum, de l'iléon, du cœcum, du colon, du rectum, etc., et s'unit enfin à la membrane péritonéale de l'enveloppe extérieure dont elle fait une partie.

Du canal alimentaire, le tissu cellulaire passe sans interruption à la partie supérieure du larynx, dans la trachée-artère et dans les bronches en général ; unit la membrane muqueuse avec le derme des organes de la respiration ; s'interpose entre les fibres musculaires contiguës ; les franchit, etc. ; forme une membrane qui recouvre l'extérieur des cerceaux cartilagineux des bronches ; dégénère en une trame particulière, au milieu de laquelle des sucs se concrètent ; passe ensuite à la surface des poumons, et forme une partie de la membrane pleurale, qui s'unit avec celle de l'enveloppe extérieure, et avec une partie de la membrane péricardite.

Des parties supérieures de l'enveloppe extérieure et du canal alimentaire, le tissu cellulaire va successivement dans les appareils auditifs, olfactifs et oculaires ; s'interpose d'une part entre l'épiderme et les membranes muqueuses de ces appareils, de l'autre, entre le derme cutané et le derme muqueux ; il traverse ces derniers tissus ; devient plus lâche, avant de s'enfoncer dans le tissu musculeux voisin, et de former les différentes trames qui entrent dans la composition de ces appareils.

Enfin, de chaque appareil qui compose l'homme, le tissu cellulaire se replie avec les tissus qui forment les canaux absorbans, veineux, artériels et excréteurs ; traverse, dans toutes les directions, les tissus de ces canaux ; vient s'épanouir à leur surface, en forme de membranes séreuses, ou s'en détache par lamelles, pour s'unir au tissu cellulaire correspondant.

OBSERVATIONS PHYSIOLOGIQUES.

Le tissu cellulaire, les aponévroses et les membranes séreuses ; les ligamens, les tendons, les cartilages et les os, ne diffèrent l'un de l'autre, sous le rapport de leurs propriétés physiques, qu'en ce que le tissu cellulaire est lamelleux ; tandis que les aponévroses se présentent sous la forme de membranes plus ou moins étendues ; les ligamens sous celle d'un tissu plus épais que les aponévroses ; les tendons sous l'aspect de divers cordons plus ou moins pro-

noncés ; les cartilages en général , comme
une espèce de tissu , qu'on ne saurait comparer qu'au tissu osseux , en ce qu'il én
a souvent la couleur , la forme , la densité ,
et qu'il en remplit les fonctions.

L'analyse chimique du tissu cellulaire ,
des aponévroses et des membranes séreuses
ayant été faite séparément, on a remarqué
que chacun d'eux se trouvait composé des
mêmes principes que l'on trouve , à peu de
chose près , dans les ligamens et dans les
tendons ; qu'enfin , les cartilages et les os
ont fourni plus de principes différens que
le tissu cellulaire , les aponévroses , les
membranes séreuses , les ligamens et les
tendons réunis.

Chez les animaux, qui commencent
l'échelle des êtres , on n'observe qu'un
tissu cellulaire. Chez d'autres animaux plus
parfaits , on apperçoit des membranes
aponévrotiques et séreuses ; enfin , quand
les muscles se séparent en petits faisceaux ,
on voit à leurs extrémités , des tendons
qui se confondent presque toujours avec
les ligamens et les cartilages des extrémités
osseuses. Après le tissu cellulaire, les aponévroses , les membranes séreuses , les

tendons, les ligamens et les cartilages formés, le tissu osseux paraît.

Nous avons suivi le plus loin possible des cordons nerveux et des artères très-finement injectées, et nous avons toujours observé que les uns et les autres ne pénétraient que dans les os. Il est possible que les autres tissus ne soient pas entièrement dépourvus de vaisseaux et de nerfs ; mais, jusqu'à présent, les anatomistes n'ont pu le constater.

Nous avons tour-à-tour irrité avec des instrumens acérés, le tissu cellulaire, les membranes aponévrotiques et les membranes séreuses, les ligamens, les tendons, les cartilages et les os, sur un animal vivant, sans que cet animal ait manifesté aucune sensibilité ; les mêmes expériences ont été réitérées sur des animaux différens, et nous avons obtenu les mêmes résultats. Nous nous sommes servi de différentes liqueurs, plus ou moins actives, plus ou moins concentrées, que nous avons appliquées, avec précaution, sur le tissu cellulaire, les membranes aponévrotiques et les os, et nous n'avons apperçu aucun phénomène qui pût indiquer la sensibilité de ces tissus, dans l'état de vie.

Dans l'état pathologique, les tissus celluleux, les aponévroses, les membranes
séreuses, les ligamens, les tendons, les
cartilages et les os s'épaississent et végétent
de même manière ; mais aucun de ces
tissus, excepté certains tendons, les cartilages et les os, n'est assez vivant pour
contracter une affection, d'où dériveraient
tous les phénomènes de relation qu'on
observe dans l'économie animale, après
l'affection d'un tissu très-vivant. Cependant,
les auteurs modernes prétendent que les
membranes séreuses peuvent être affecteés
primitivement, et produire des affections
très-graves.

Le célèbre Bichat lui-même est tombé
dans cette erreur, en mettant en doute
(*V. Anatomie générale, chap.* 4, *p.* 521)
s'il entre des vaisseaux sanguins dans les
membranes séreuses, et en disant positi-
vement, p. 528, que la sensibilité de la
membrane est nulle. Et pour appuyer son
assertion, il cite plusieurs observations
qui lui sont propres.

Or, si dans les membranes séreuses on
ne peut constater par l'observation, ou
par des expériences, qu'il existe, soit des

vaisseaux sanguins, soit des nerfs, comment concevoir avec le même auteur, (*p.* 528 *et* 529) que les membranes séreuses soient susceptibles d'acquérir une sensibilité bien plus vive que celles des tégumens organisés, comme il les conçoit; et que cette propriété soit due à l'exhalation, à l'absortion et à la nutrition qui s'opèrent aux membranes séreuses?

Ainsi, pour soutenir l'opinion que chaque tissu d'une nature particulière peut contracter des affections primitives et isolées des autres tissus, Bichat est tombé dans des erreurs d'autant plus graves, qu'il a entraîné ou maintenu dans son opinion, des auteurs qui tiennent aujourd'hui le sceptre de la médecine en France.

Les observations citées par le professeur Pinel, dans sa nosographie, (troisième édition, deuxième volume, page 302 et suivantes, sur la phrénésie; *idem*, page 324 et 325, sur les maladies de la plèvre; *idem*, 332 et suivantes sur la péricardite; *idem*, page 346 et suivantes, sur la péritonite.) prouvent que ce professeur célèbre a pris pour affection des membranes séreuses, l'affection des tissus plus vivans et plus sensibles que protègent ces membranes , qui peuvent tout au plus acquérir de l'épaisseur , ou végéter des produits, au moyen desquels une ou plusieurs adhérences s'établissent aux tissus voisins.

Le docteur Broussais, *Phlegmasie-Chronique*, tome 1.ᵉʳ, pag. 176 et suivantes , à l'article *Pleurésie* ; et le professeur Corvisart, *Traité des Maladies du Cœur*, à l'article *Maladie des enveloppes du cœur*, ont tous les deux commis la même erreur que le professeur Pinel, comme on peut s'en assurer par la lecture de leurs ouvrages.

Si ces savans , dans leurs autopsies, avaient essayé de détacher les membranes séreuses des tissus sous-jacens, quand elles paraissent rouges et injectées de sang, ils y seraient parvenus avec la plus grande facilité; s'ils avaient examiné sans prévention les tubercules qu'on remarque au côté externe du péritoine, ils auraient remarqué que ces tubercules provenaient de l'altération des tissus voisins du péritoine lui-même; s'ils avaient comparé les membranes séreuses au tissu cellulaire , ils auraient reconnu que les adhérances des membranes séreuses provenaient toujours du surcroit de vie, reçu par ces membranes des parties contiguës; et qu'alors les membranes séreuses avaient végété, comme le tissu cellulaire végète dans les plaies; s'ils avaient profondément médité les expériences de Bichat lui-même, ils se seraient convaincu que, puisqu'il n'existait ni vaisseaux, ni nerfs constatables aux membranes séreuses, celles-ci ne pouvaient être malades, sans le concours des vaisseaux, des nerfs et des fluides adjacens; ils auraient enfin vu que quand les membranes séreuses sont altérées, les parties voisines ont dû l'être bien avant elles, puisque les membranes séreuses, qu'on peut enlever sans préjudice notable, n'existeraient pas indépendamment du concours des tissus qu'elles protègent.

Quant aux tissus fibreux en général, il est probable qu'à cause de leur analogie avec les aponévroses et les membranes séreuses, ils ne sont pas plus exposés aux altérations que ces membranes; et que toutes les affections qu'on a attribuées aux tissus fibreux, dépendaient de l'altération

des tissus sensibles des extrémités osseuses,
voisines, etc., comme on croit pouvoir
le prouver dans la suite, par des expériences
et des observations.

§. 5.

Conséquences des observations générales qui précèdent.

Les analyses et les descriptions générales
des quatre tissus simples qui composent
les appareils des animaux, et de l'homme
en particulier, ont fait entrevoir que les
vaisseaux absorbans et veineux sont primitivement formés par un replis des quatre
tissus simples de l'appareil qui a produit
ces vaisseaux; que les vaisseaux absorbans
et veineux donnent naissance aux canaux
artériels, qui produisent à leur tour les
canaux excréteurs, etc.: ce sont ces différentes propositions qu'il s'agit maintenant
de développer, afin de fixer l'opinion qu'on
doit avoir sur les vaisseaux en général.

Chapitre second.

CONSIDÉRATIONS GÉNÉRALES

SUR

LES DIFFÉRENS VAISSEAUX.

PARAGRAPHE PREMIER.

VAISSEAUX ABSORBANS ET VEINEUX.

SANS l'existence des tissus qui composent un appareil, non seulement on n'observerait ni vaisseaux absorbans, ni vaisseaux veineux; mais encore, ces vaisseaux qu'on remarque à chaque appareil ne seraient pas composés d'une membrane muqueuse, d'un tissu dermoïque, musculeux, quelques fois plus ou moins prononcé, et d'un tissu cellulaire qui s'interpose entre la membrane muqueuse, le derme et le tissu musculeux vasculaire; ainsi, les vaisseaux absorbans et veineux sont formés par un repli des tissus simples qui composent l'appareil duquel ils naissent.

Les vaisseaux absorbans et veineux se confondent, parce qu'ils prennent tous les deux leur origine d'une surface épidermoïque et muqueuse ; qu'ils parcourent le même trajet général ; qu'ils pompent les uns et les autres dans une source étrangère à l'économie animale, des fluides qui circulent ensuite au milieu d'eux, jusqu'à leur passage dans le ventricule, l'oreillette droite du cœur et de l'artère pulmonaire , aux extrémités de laquelle ces fluides reçoivent une préparation nouvelle.

Pour bien connaître les vaisseaux absorbans et veineux , il est nécessaire 1.° de comparer au tronc d'un arbre les veines caves ascendantes et descendantes, l'oreillette et le ventricule droits du cœur, donnant naissance à des rameaux figurés par l'artère pulmonaire ; tandis que les extrémités des vaisseaux absorbans et veineux représenteraient les racines du végétal, objet de la comparaison qu'il s'agit de faire : 2.° d'être bien pénétré de cette vérité , que les appareils

qui composent l'homme par exemple, ne diffèrent des ramifications végétales, qu'en ce
que les produits de l'enveloppe extérieure de
l'homme se replient, pour la plupart, à
la face interne de cette enveloppe, tandis
que les produits d'un végétal s'étendent tous
à l'extérieur du tronc d'où ils partent :
3.° de supposer un instant que les appareils
renfermés au milieu de l'enveloppe extérieure de l'homme, soient tous étendus,
comme les branches d'un végétal s'étendent
à l'extérieur du tronc d'où elles partent ; à
ce moyen l'on appercevra, que les veines
caves, ascendantes et descendantes, l'oreillette et le ventricule droits du cœur, l'artère pulmonaire, n'existent chez l'homme
que pour borner les vaisseaux absorbans
et veineux, qui auraient pu, sans cette
disposition, se prolonger indéfiniment ; que
pour établir une communication directe
entre tous les appareils des animaux ; que
pour compliquer ces appareils, de manière
à les faire paraître au premier abord tout
à fait différens des végétaux ; que pour
donner enfin naissance à l'artère pulmonaire, qui fait naître à son tour d'autres
vaisseaux.

§. 2.

VAISSEAUX ARTÉRIELS.

Puisque les vaisseaux absorbans et veineux commencent l'appareil circulatoire des animaux ; qu'ils peuvent être comparés aux racines d'un végétal ; les veines caves, l'oreillette et le ventricule droits du cœur au tronc d'un arbre, et l'artère pulmonaire aux rameaux qui en partent ; on peut dire aussi que les veines pulmonaire, l'oreillette et le ventricule gauches du cœur, l'aorte et ses divisions, représentent les racines, le tronc et les rameaux d'un végétal. Mais pour avoir l'image parfaite des deux agens circulatoires, il faut se représenter dans l'économie animale, deux arbres croisés, de manière que les rameaux de l'un s'unissent aux racines de l'autre.

Le système circulatoire ainsi conçu, il est évident que les vaisseaux absorbans et veineux donnent naissance aux vaisseaux artériels ; et que le système artériel serait nul, sans le concours des autres vaisseaux, non seulement parce qu'on ne trouve d'artères que chez des animaux très-compliqués, mais encore parce qu'il serait de toute impossibilité de concevoir un système artériel sans vaisseaux absorbans et veineux, puisque de ceux-ci les autres tirent tous les matériaux de leur nutrition , etc.

Ainsi donc, l'anatomie et la physiologie nous démontrent que de la terminaison des vaisseaux absorbans et veineux, naissent les vaisseaux artériels, portant avec eux les sources de la vie ; que les solides qui composent les appareils, puisent des fluides du sein des artères, en tant qu'ils en ont besoin pour se nourrir ; c'est pourquoi les vaisseaux artériels qui vont se rendre dans les tissus d'un appareil quelconque , doivent être énumérés en particulier, afin qu'on puisse connaître, aussi parfaitement qu'il est possible , le dégré de vie de chaque tissu d'un appareil et sa prédisposition aux affections.

1.° Les artères qui vont se rendre à l'enveloppe extérieure de l'homme sont : les artères carotides primitives, carotides externes, thyroïdiennes supérieures, labiales, occipitales, temporales, maxillaires internes, carotides internes, sous-clavières, vertébrales , thyroïdiennes inférieures , scapulaires supérieures, cervicales transverses , mammaires internes , cervicales postérieures , intercostales supérieures , axillaires , acromiales, thorachiques supérieures et inférieures , scapulaires communes , circonflexes postérieures et antérieures , brachiales et ses divisions, intercostales inférieures , diaphragmatiques , lombaires, artères sacrées , iliaques primitives , hypogastriques , iléo-lombaires, sacrées latérales , obturatrices , iliaques postérieures , ischiatiques, honteuses internes , hémorroïdales moyennes , ombilicales, iliaques externes , épigastriques , iliaques antérieures, artères fémorales et leurs divisions etc.

2.° Les artères qui vont se rendre aux organes génitaux de l'homme et de la femme sont : les artères spermatiques, sacrées antérieures, sacrées latérales, honteuses externes et internes, utérines et vaginales.

3.° Pour le canal alimentaire : les artères linguales, pharyngiennes inférieures, œsophagiennes, coronaires, stomachiques, hépathiques, spléniques, mésentériques supérieures et inférieures, capsulaires et hémorroïdales moyennes.

4.º Pour les poumons : les artères bronchiales et médiastines.

5.º Pour les appareils auditifs, olfactifs et oculaires : les artères auriculaires, les ramuscules des artères labiales, pharyngiennes etc., et les artères ophthalmiques.

6.º Pour l'appareil circulatoire : les artères cardiaques ou coronaires.

Par cette analyse, la force et la vie particulière de chaque appareil nous est connue, puisque l'une et l'autre proviennent du sang qui circule au milieu des canaux artériels, avant de se rendre aux tissus des appareils. Nous acquérons encore la preuve que les vaisseaux artériels sont en nombre relatif à l'étendue, à l'utilité de chaque appareil en particulier, par rapport à l'économie générale des animaux ; enfin nous nous convainquons par la même analyse, que tel appareil est plutôt exposé à contracter des maladies que tel autre, par la raison qu'il y a plus de vaisseaux artériels dans celui-ci que dans celui-là.

Ces observations qui sont de la plus haute importance pour le médecin physiologiste, ne sont cependant pas les seules qui font suite à l'analyse qui précède ; la direction des artères ouvre encore un nouveau champ à l'observation.

§. 3.

Examen général de la direction des artères répandues dans les tissus qui composent les différens appareils examinés.

Toutes les artères, sans exception, se dirigent, de l'aorte et de ses divisions, d'abord vers le tissu épidermoïque, que nous avons dit se propager dans tous les appareils, et prendre le nom de tissu muqueux, en s'enfonçant dans l'intérieur des appareils ; ensuite vers les tissus musculeux, cartilagineux, osseux, etc. ; enfin vers la moëlle épinière, et vers la substance cérébrale.

Mais pour avoir une idée parfaite de la direction des artères, il convient de diviser celles-ci en deux différentes sections. L'une comprendra l'examen de la direction des artères dans les tissus des appareils; et l'autre, l'examen de la direction des artères, allant se terminer dans la moëlle épinière et dans le cerveau.

L'enveloppe extérieure des animaux étant le seul appareil où la membrane épidermoïque soit aussi étendue, où il y ait une aussi grande quantité de derme, de tissu musculeux, cartilagineux et ossseux, il en résulte que la direction des artères dans cet appareil, si elle est la même que dans les autres appareils, doit néanmoins subir quelques variétés, et c'est aussi ce qui a lieu. En suivant, par exemple, une artère partant de l'aorte, pour se rendre dans l'enveloppe extérieure de l'animal, on la voit, après un certain trajet, se diviser de manière que ses rameaux se rendent d'une part, au delà du tissu dermoïque, par de très-petites ouvertures pratiquées dans ce tissu; d'autre part, dans le tissu musculeux, et en troisième lieu, dans le tissu cartilagineux et osseux.

Voilà ce que l'observation anatomique nous démontre, pour la direction des artères de l'enveloppe extérieure des animaux.

Maintenant si l'on considère la direction des artères des organes génitaux, on les verra toutes serpenter, comme à l'enveloppe extérieure, soit vers l'épiderme du pénis ou des grandes lèvres, soit vers les muscles, ou vers la membrane muqueuse des organes de la génération chez l'homme et chez la femme, où enfin vers le tissu osseux qui avoisine ces parties ; bien entendu que les artères capillaires qui vont se rendre dans les canaux séminifères ou dans les parois vasculaires, qui entrent dans la composition des organes de la génération, ont la même destination que celles qui vont se ramifier dans les tissus précédens, comme l'analogie nous le démontre.

Au canal alimentaire, nos dissections nous ont prouvé que toutes les artères qui entrent dans sa composition ou dans celle de ses annexes, ont des directions fixes, où elles se portent en serpentant vers le tissu musculeux, répandu dans le canal alimentaire, où elles dépassent ce tissu , pour aller se terminer au côté externe de la membrane muqueuse de ce canal ; ou bien, arrivées au côté externe des membranes séreuses , les artères du canal alimentaire forment une courbure et se dirigent du côté opposé. Cette dernière observation est si vraie, qu'on peut enlever avec la plus grande facilité la membrane péritonéale par exemple , sans déchirer les vaisseaux qu'elle recouvre. Nous avons fait nombre de fois cette expérience.

Lorsque les artères que nous avons dit appartenir au canal alimentaire lui-même, ne vont pas s'y ramifier, alors elles se dirigent vers les annexes de ce canal , s'y divisent et s'y terminent, comme aux tissus qui composent le canal alimentaire.

Aux poumons, les vaisseaux artériels ont aussi des directions fixes ; ils vont tous vers les tissus cartilagineux, musculeux ; franchissent ces tissus, pour aller se terminer au côté externe de la membrane muqueuse des bronches, où arrivés au côté externe de la pleure, les vaisseaux artériels des poumons font un circuit, pour se porter vers l'un des tissus des poumons que nous avons nommés.

Enfin, les artères qui vont se ramifier dans les tissus qui composent les appareils auditifs, olfactifs, oculaires et vasculaires, ont des directions absolument semblables à celles des artères qui sont répandues dans l'enveloppe extérieure de l'animal ; c'est pourquoi nous nous dispenserons de les examiner dans chacun de ces appareils en particulier.

D'après les observations précédentes, on peut établir comme base certaine et fondamentale de l'histoire des fonctions des animaux, 1.° que toutes les artères vont se terminer dans le système musculeux, osseux et cartilagineux, au côté interne de l'épiderme, au côté externe des membranes muqueuses et des membranes synoviales, qu'on peut confondre avec les membranes muqueuses, parce que les artères se dirigent vers elle, comme vers les membranes muqueuses ; 2.° qu'aucune de ces artères ne fait partie ni de l'épiderme, ni des membranes muqueuses, comme nous nous en sommes plusieurs fois assurés, après avoir enlevé un vésicatoire à

la peau, où après avoir examiné les membranes muqueuses dans le canal alimentaire, dans les poumons, dans l'appareil
circulatoire, etc., soit dans l'état sain,
soit dans l'état maladif, ou après les
macérations de ces parties ; 3.º que les artères ne font pas plus partie du tissu cellulaire, des aponévroses, des ligamens, que
de l'épiderme et des membranes muqueuses;
4.º qu'il est constamment vrai que les artères
font un circuit, quand elles sont parvenues
au côté externe des membranes séreuses,
plutôt que de pénétrer ces membranes ;
et qu'elles se portent et se terminent
ensuite, soit dans le système musculeux
des appareils voisins, soit dans le système osseux et cartilagineux, soit enfin
au delà du derme répandu dans tous les
appareils.

§. 4.

Examen général de la direction et de la terminaison des artères qui vont se rendre à la moëlle épinière et au cerveau.

La comparaison de la direction et de la terminaison des artères de la moëlle épinière et du cerveau, avec la terminaison des artères dans les tissus des appareils examinés, nous fait connaître que ces deux ordres de vaisseaux se comportent de même manière ; que les artères se dirigént vers la moëlle épinière ou le cerveau, avant de s'y terminer ; qu'elles forment une courbure, toutes les fois qu'elles avoisinent les membranes séreuses de la moëlle épinière et du cerveau, comme on peut s'en convaincre en suivant les ramifications de l'artère carotide interne ; qu'avant de s'enfoncer dans la substance nerveuse, les artères qui vont s'y rendre forment un lacis vasculaire ; qu'enfin il nous est impossible de suivre les ramifications artérielles , après qu'elles ont pénétré la substance cérébrale , puisque nous ne pouvons que les y voir entrer.

§. 5.

Canaux excréteurs et vaisseaux exhalans.

Les canaux excréteurs proviennent de la terminaison des capillaires artériels , car il est évident qu'ils n'existeraient pas sans eux; ils apportent sur une surface libre, un fluide sécrété, et ne sont apparens qu'aux glandes en général ; encore existe-t-il beaucoup de glandes qui en sont absolument dépourvues.

Si, d'après l'observation , on peut tenir ces propositions pour constantes, il n'en est pas de même , à notre avis, de la prétendue existence de ces vaisseaux exhalans, qu'admettent Boerhave, Haller et Bichat.

Nous avons examiné à la loupe, la terminaison des capillaires artériels injectés, ainsi que les vaisseaux veineux qui leur

correspondent, et nous pouvons affirmer que nous n'avons rien apperçu qui
pût justifier le système de ces auteurs. Nous
nous croyons donc autorisés à conclure
qu'il n'existe pas de vaisseaux exhalans,
qu'ils n'ont de réalité que dans l'imagina-
tion de ceux qui ont cru avoir besoin de
les créer, pour expliquer certains phénomènes, qu'avec un examen plus appro-
fondi et plus exact de la structure de
l'homme, telle que la nature nous la présente, on peut également les expliquer
sans recourir à des fictions.

Cependant, il reste à examiner pourquoi il existe des canaux excréteurs aux
glandes, tandis que les autres tissus des
animaux, et de l'homme en particulier,
où viennent également se terminer des
artères, sont complètement dépourvus de
vaisseaux, qui pourraient être comparés
aux canaux excréteurs.

La raison de ce phénomène nous paraît
exister dans la différence d'arrangement
particulier des vaisseaux artériels qui
composent les glandes, et des vaisseaux
artériels qui vont se terminer aux différens tissus de celles-ci.

Dans le premier cas , les vaisseaux artériels qui forment les glandes , se pelotonnent un si grand nombre de fois les uns
sur les autres , que cette pelote qu'ils
forment, semble être une masse homogène,
d'où naît la nécessité de canaux excréteurs autour desquels viennent se ranger
les artères, d'où ces canaux reçoivent les
fluides sécrétés.

Dans le second cas , les vaisseaux capillaires artériels, qui vont se terminer au
côté interne de l'épiderme, et au côté
externe des membranes muqueuses, dans
les tissus musculeux, cartilagineux, osseux,
etc. , sont si peu serrés, qu'ils peuvent
d'eux-mêmes rejeter au dehors par leurs
extrémités, et sans les secours des vaisseaux exhalans , les fluides superflus à
l'économie animale.

Voici la preuve de cette proposition : aux
glandes salivaires, au foie, au pancréas,
aux reins, etc. ; où les vaisseaux capillaires
artériels sont tellement ténus et tellement
confondus les uns avec les autres, qu'on
ne pourrait les séparer : on observe des canaux excréteurs qui débarassent ces glandes
des fluides que les capillaires artériels

ont laissé échapper par leurs extrémités , tandis qu'aux tissus sous-épidermoïques, et sous-muqueux , musculeux , cartila-gineux , osseux , etc., où les capillaires artériels ne sont pas aussi serrés qu'aux glandes, ces capillaires peuvent facilement rejeter au dehors leurs fluides superflus.

Chapitre troisième.

EXAMEN GÉNÉRAL
DES FLUIDES
ET DE LA NUTRITION.

Au milieu des vaisseaux absorbans et des vaisseaux veineux, circulent, chez l'homme, des fluides impropres à la nutrition. Ces fluides n'acquièrent les propriétés qui conviennent pour entretenir la vie des tissus, qu'à leur passage de l'artère pulmonaire dans les veines du même nom. Cet intervalle, dans lequel s'opère en partie le grand phénomène qui révivifie le sang, est formé d'une part par les cellules bronchiques, qui sont creuses et si ténues, qu'on ne peut les constater que par analogie avec les cellules qui leur ont donné naissance, et d'autre part, par l'adossement des capillaires, provenant de l'artère et des veines pulmonaires, aux

cellules bronchiques. C'est dans cet intervalle merveilleusement disposé que s'opère
un des phénomènes les plus curieux qu'on
observe chez l'homme.

Lorsque le sang a passé de l'artère
pulmonaire, dans les veines du même
nom , il est porté delà dans l'oreillette
et le ventricule gauches du cœur, qui
l'envoie à son tour, par l'artère aorte ,
dans toutes les ramifications de cette
artère ; et arrivé à l'extrémité des artères
capillaires , le sang nourrit tous les tissus
qui composent les appareils des animaux
parfaits.

Entre l'extrémité des artères et l'extrémité des veines et des canaux excréteurs , il existe un intervalle rempli par
les solides , ou par les tissus qui se
composent et se décomposent sans cesse
à l'aide de ces vaisseaux. Ces tissus ne
pouvant être autre chose que les tissus
simples qui forment chaque appareil ,
au milieu desquels se trouve la pulpe
nerveuse qui les met en grande partie
en action , nous nous dispenserons d'entrer à cet égard dans des détails qui
nous paraissent superflus.

Chapitre quatrième.

EXAMEN GÉNÉRAL

DE LA SUBSTANCE NERVEUSE.

Les tissus généraux et les fluides qui circulent au milieu des canaux qui forment l'appareil circulatoire en général, ayant été examinés, le système nerveux se présente à notre observation, si nous voulons suivre les transitions de la nature.

Lorsque les végétaux nous présentent la substance nerveuse connue sous le nom de moëlle, elle nous paraît dépourvue des propriétés qui conviennent pour rendre sensibles les végétaux, tandis que chez les animaux pourvus de tissus épidermoïque, dermoïque, musculeux, celluleux et vasculaire, la substance nerveuse et la propriété qu'elle

a de sentir, sont toutes les deux très-
remarquables.

Dès qu'on peut observer la substance
nerveuse, chez les premiers animaux,
on voit que cette substance est contenue
dans de petits tuyaux celluleux. Chez
des animaux plus parfaits, la substance
nerveuse est non-seulement retenue au
milieu d'une membrane celluleuse, mais
cette membrane qui se présente sous la
forme de cordons, arrive de toute part
avec la pulpe nerveuse qu'elle enveloppe,
pour former la membrane séreuse qui
retient au milieu d'elle la moëlle épinière, qui est elle-même formée par la
pulpe des cordons nerveux.

Chez l'homme enfin, comme dans une
foule d'êtres inférieurs, on observe une
grosse masse cérébrale, formée à la fois
par les cordons nerveux, la moëlle épinière, etc.

Dans les explications que les physiologistes nous donnent de la sensibilité,
ils accordent une grande influence à l'enveloppe nerveuse, tandis qu'il nous
semble que cette enveloppe est inactive
dans les phénomènes de la vie, et que

par conséquent , elle ne doit être d'aucune considération.

Pour le prouver, rappellons l'observation déjà faite, en parlant du tissu cellulaire et de ses transformations, qu'à la tête, la dure–mère, après avoir tapissé la face interne des os du crâne, se divise en petits tuyaux, dans lesquels se logent les différens prolongemens du cerveau ; qu'au canal vertébral, la même membrane s'y prolonge, tapisse l'intérieur de ce canal, et forme de petits entonnoirs qui se continuent ensuite, sous la forme de cordons au milieu desquels on voit la substance nerveuse se rendant à la moëlle épinière. Il suit delà que l'enveloppe extérieure des nerfs est de même nature que le tissu cellulaire et ses différentes transformations ; et qu'il n'y a de sensible aux cordons nerveux, que la substance nerveuse déposée au milieu du tissu cellulaire transformé en tuyaux.

Pour bien connaître les nerfs, il faut examiner qu'elle est leur origine ; récapituler ceux qu'on observe dans chaque appareil ; examiner leur direction et leur terminaison.

L'origine des nerfs paraît avoir lieu aux surfaces libres, dans l'intervalle qui sépare les artères des veines et des canaux excréteurs. Delà les nerfs se propagent vers un centre commun, d'autant plus compliqué, que l'animal est plus parfait. Tel est du moins le résultat des observations que nous avons faites sur différens animaux.

Les nerfs qui sont répandus dans les appareils des animaux sont, pour l'enveloppe extérieure de l'homme, en partie les nerfs moteurs communs des yeux, et les nerfs pathétiques, tri-jumeaux, ophthalmiques de Willis, moteurs externes des yeux. Viennent ensuite les nerfs maxillaires supérieurs, inférieurs, spinaux, partie des huitièmes paires cervicales de chaque côté, des nerfs diaphragmatiques, des plexus brachiaux et de tous les nerfs qui en partent pour se rendre aux membres thoraciques etc.; partie des nerfs dorsaux, des nerfs lombaires, des nerfs sacrés, des plexus sciathiques, des *nerfs honteux*, des petits et des grands nerfs sciatiques, et de tous les nerfs qui par-

tent de ceux-ci, pour aller se ramifier aux membres abdominaux.

Pour les organes génitaux : partie des
nerfs sacrés, des nerfs honteux et des
plexus qui en naissent.

Pour le canal alimentaire : partie des
nerfs maxillaires inférieurs, des sous-orbi-
taires et des portions dures des septièmes
paires, des neuvièmes paires, des branches glosso-pharyngiennes, des huitièmes
paires et des branches linguales, des
nerfs maxillaires inférieurs, des cinquièmes
paires ; quelques filets très-déliés des ganglions cervicaux supérieurs, des grands
sympathiques se ramifient au pharynx,
au voile du palais, ainsi que les nerfs
venant des ganglions sphéno-palatins, des
maxillaires supérieurs ; à l'œsophage, les
nerfs des huitièmes paires ; à l'estomac,
les nerfs des huitièmes paires des grands
sympathiques et des plexus solaires ; au
foie, les nerfs des plexus solaires, des
huitièmes paires ; à la rate, les nerfs
venant des plexus solaires ; au pancréas,
les nerfs venant des plexus hépathiques,
spléniques, et mésenthériques ; au duodénum, les nerfs venant des huitièmes

paires, des grands sympathiques, des plexus qui en naissent ; aux intestins grêles, les nerfs venant des grands sympathiques et des plexus mésentériques ; aux gros intestins, les nerfs venant également des grands sympathiques et des nerfs sacrés.

Pour les poumons : les nerfs des huitièmes paires et des grands sympatiques, qui forment par leurs entrelacemens les plexus pulmonaires, avant de se ramifier dans les poumons.

Pour les appareils auditifs, olfactifs, oculaires et vasculaires : les nerfs des septièmes paires, etc., les nerfs olfactifs, les nerfs optiques, partie des nerfs moteurs communs des nerfs pathétiques, des ophthalmiques de Willis, etc.; enfin les nerfs des huitièmes paires et des grandes sympathiques, formant les plexus cardiaques; les plexus rénaux, fournis par les ganglions sémi-lunaires, par les plexus solaires et par les nerfs petits splanchniques.

Dans ce tableau, nous ne cherchons qu'à rappeler en général la quantité de nerfs qu'on observe dans chaque appa-

reil pour déterminer leur sensibilité particulière ; ainsi nous sommes dispensés d'y
mettre la précision qu'on pourrait exiger,
précision à laquelle il serait d'ailleurs
difficile de parvenir, puisque les nerfs
d'un appareil sont souvent ceux d'un autre
appareil, sans qu'il nous soit possible
d'assigner la ligne de démarcation de
chacun d'eux, en les considérant comme
s'ils partaient de la moëlle épinière du
cervelet et du cerveau.

Règle générale et sans exception. Tous
les nerfs des animaux parfaits, après avoir
pris leur origine au côté interne de l'épiderme, et au côté externe des membranes
muqueuses, dans le tissu musculeux, cartilagineux et osseux des appareils, se
dirigent sous la forme de cordons, vers
la moëlle épinière, le cerveau, en s'ana-
stomasant ensemble, avant d'y arriver.

On peut prendre pour exemple et pour
preuve de cette proposition, les nerfs
tri-jumaux. En suivant ces nerfs comme
s'ils partaient de la moëlle allongée, pour
se rendre à toutes les parties de la face,
aux parois de la bouche, à la langue,
aux muscles de la mâchoire inférieure,

etc. , on verra que leurs ramifications les plus fines se perdent au côté interne de l'épiderme, dans les muscles, les os de cette partie, etc.

Cette anatomie est des plus délicates à exécuter ; mais avec une grande patience, on parviendrait à démontrer la vérité de nos observations, avec d'autant plus de sûreté, que s'il est vrai que l'on ne peut plus suivre les nerfs, soit dans le tissu osseux, soit dans le tissu muscu-leux, soit à la face externe du derme, etc., il devient évident qu'ils ne se portent pas aux tissus voisins ; ils restent donc dans les tissus où on les a perdus, en les suivant.

Il serait facile de multiplier les exem-ples, dans chaque appareil en parti-culier ; mais ces exemples, tels qu'ils fussent, se reproduiraient toujours sous les mêmes formes que celui que nous venons de citer ; ils seraient donc inutiles, et par conséquent, il suffira de s'arrêter à certaines dispositions particulières des nerfs.

Par exemple, quand l'enveloppe extérieure etc. , se replie pour former un appareil ; quand, à côté d'un appareil, on apperçoit des glandes ; dans le premier cas, les nerfs se divisent de manière à se porter également dans les tissus communs des deux replis, où nous avons dit que les nerfs avaient coutume de se ramifier. Dans le second, quand il y a des glandes à côté des appareils, les nerfs de ces glandes suivent le trajet des capillaires artériels, ainsi qu'on peut s'en convaincre en disséquant des nerfs et un rameau artériel injecté, se dirigeant et se terminant tous les deux dans une glande quelconque.

Pour terminer l'article qui concerne les nerfs, on remarquera que la pulpe nerveuse, dans son trajet sous la forme de cordons, étant enveloppée de toutes parts par une membrane de même nature que les aponévroses ; il est évident que cette pulpe ne peut être sensible qu'après avoir été mise à découvert, et après la destruction de la membrane qui la protégeait dans l'état naturel.

En effet, l'observation démontre que l'épiderme, ou une membrane muqueuse, seuls protecteurs des expansions nerveuses aux surfaces libres, étant enlevé, la pulpe nerveuse est exposée au contact immédiat des corps, puisque l'animal témoigne une vive douleur. Alors l'observation démontre encore que quand le sang, qui est le stimulus habituel des nerfs, arrive en trop grande abondance sur les expansions nerveuses épidermoïques ou muqueuses, musculeuses, osseuses, etc., l'animal éprouve des souffrances plus ou moins vives.

Nous avons mis des cordons nerveux à découvert, sur des animaux vivans, nous les avons frottés et piqués, sans intéresser la pulpe nerveuse, et les animaux n'ont témoigné aucune douleur; mais quand on piquait la substance nerveuse, ils en éprouvaient de très-vives.

D'où on peut conclure que la perception des sensations ne peut se faire que sur les expansions nerveuses, parce qu'elles seules peuvent être stimulées directement par certains corps ; que les expansions nerveuses épidermoïques et muqueuses sont les parties des nerfs les plus impressionnables, parce qu'elles sont stimulées, non seulement par le sang, mais encore par les corps extérieurs, tandis que les expansions nerveuses, musculaires, cartilagineuses et osseuses n'ont pour stimulus habituel que le sang.

Chapitre cinquième.

EXAMEN GÉNÉRAL

DES

FAISCEAUX VASCULAIRES ET NERVEUX

DES APPAREILS.

Les tissus simples, la combinaison de ces tissus et la formation des appareils étant connus, il reste à examiner les rapports existant entre les vaisseaux et les nerfs.

C'est une chose remarquable que dans toutes les parties de nous-mêmes, où l'on peut constater la terminaison, ou pour mieux dire, l'origine d'un nerf, on peut observer dans la même partie au moins une artère, une veine et un vaisseau absorbant; lesquels sont si intimement liés ensemble, qu'il est impossible de les séparer à leurs extrémités. Pour justifier cette preposition, parcourons les différens appareils de l'homme.

A l'enveloppe extérieure de l'animal, nous remarquons très-bien, à la face externe du derme, qu'un nerf est constamment accompagné d'une artère, d'une veine et d'un vaisseau absorbant, et que ces différentes parties traversent ensemble le derme, pour venir s'épanouir à la surface de ce tissu. Voilà ce que nous avons vu un très-grand nombre de fois à l'enveloppe extérieure de l'homme. On fera la même observation pour les vaisseaux et les nerfs réunis, qui vont se ramifier dans le tissu musculeux, si l'on examine ces vaisseaux et ces nerfs, avant leur entrée dans ce tissu.

Mais la même observation est très-difficile à faire aux extrémités osseuses, à la face externe des membranes synoviales, par exemple : cependant nous sommes persuadés que les faisceaux vasculaires et nerveux existent dans cette dernière partie, comme aux autres tissus examinés, et qu'on les y découvrira :

nous ne désespérons pas d'y parvenir, chez de très-jeunes sujets.

Quoiqu'il en soit, les faisceaux vasculaires et nerveux de l'enveloppe extérieure, sont d'autant plus nombreux, qu'on les considère plus près de la partie supérieure du tronc. Cette disposition est parfaitement conforme à la distribution inégale des vaisseaux et des nerfs dans l'organisme animal, comme on peut le remarquer par l'analyse particulière déjà faite des vaisseaux et des nerfs.

Aux organes génitaux, les faisceaux vasculaires et nerveux sont tout aussi remarquables à la face interne du derme cutané de ces organes, qu'à la face externe de leur derme muqueux.

Mais à mesure qu'on recherche ces faisceaux plus avant, chez la femme, dans le vagin ou dans la matrice, et chez l'homme, dans les canaux déférens, il est plus difficile de les constater. On ne le peut même pas. Quant aux faisceaux qui vont se rendre dans les systèmes musculeux et osseux, ils ne diffèrent nullement de ceux de l'enveloppe extérieure de l'animal.

Au canal alimentaire, il est très-facile de voir les faisceaux vasculaires et nerveux, avant qu'ils aient traversé le derme du canal alimentaire, ainsi que les tissus musculeux, osseux et cartilagineux, appartenant à ce canal. Mais ces faisceaux sont plus nombreux à la bouche qu'à l'œsophage ; ils deviennent ensuite très-nombreux à l'estomac, à partir duquel, jusqu'à la partie inférieure du rectum, ils vont toujours en diminuant. Cette observation est de la plus haute importance dans les affections pathologiques, comme on le fera remarquer par la suite.

Aux poumons, on peut facilement observer que les faisceaux vasculaires et nerveux sont disposés comme au canal alimentaire, avant de traverser le derme pulmonaire, et de se ramifier dans le tissu musculeux et cartilagineux des mêmes organes ; mais ces faisceaux vasculaires sont d'autant plus abondans, qu'on les considère plus près de la partie supérieure de la trachée-artère, et d'autant plus rares que les bronches sont plus divisées.

Aux appareils auditifs, olfactifs, ocu-

laires et circulatoires , les faisceaux vasculaires et nerveux sont disposés comme
aux autres appareils ; mais ces faisceaux
sont si rares dans les vaisseaux , que
Bichat a pensé , avec raison , que les
parois qui les forment sont insensibles.

Jusqu'ici, nous n'avons considéré l'homme
que sous le rapport de ses tissus généraux ,
et de leur arrangement particulier ; maintenant il s'agit d'examiner comment il vit
et comment il meurt.

Chapitre sixième.

EXAMEN GÉNÉRAL

DES CORPS EXTÉRIEURS

SUR L'HOMME.

Un animal, tel que le fœtus humain, en sortant du sein de sa mère, présente d'abord son enveloppe extérieure, et successivement l'origine de chaque appareil, dans l'ordre de sa formation primitive, au contact des corps extérieurs. Ce phénomène est d'autant plus remarquable, que, d'une part, l'enveloppe extérieure et l'origine de chaque appareil sont les parties les plus vivantes et les plus sensibles qu'on observe dans l'économie animale ; et que d'autre part, ces parties sont disposées de manière à recevoir plus immédiatement le contact des corps extérieurs sur elles, que les autres parties des appareils en général.

Mais ce contact des corps, qui anime l'animal, imprime-t-il des oscillations primitives à tous les tissus en général, ou bien, ce contact des corps sur nous-mêmes n'ébranle-t-il qu'un seul tissu particulier, capable de faire mouvoir tous les autres tissus des appareils, par la correspondance matérielle qu'il a avec eux?

Nous pensons qu'on ne peut prononcer affirmativement sur la première partie de cette question; car chez les végétaux, il n'existe pas de nerfs, et les phénomènes de la vie s'opèrent également; certains animaux exécutent également leurs fonctions, sans avoir de système nerveux, enfin le membre paralytique d'un individu se nourrit également, et peut même devenir malade, comme on en a des exemples.

Quoiqu'il en soit du contact des corps sur tel ou tel tissu, on observe que l'enveloppe extérieure étant de toute part exposée à l'action des agens extérieurs, et étant de tous les appareils le plus vivant, cet appareil est aussi celui qui est le premier atteint par les corps extérieurs.

Ce contact des corps se fait ensuite à l'origine des organes de la génération ; parce que cette origine, et les organes de la génération eux-mêmes, sont formés, presque en totalité, par l'enveloppe extérieure, et qu'elle est une des parties les plus vivantes du corps humain : en troisième lieu, à l'origine du canal alimantaire, qui est aussi très-vivante, et toujours disposée à recevoir le contact des corps extérieurs, puisque la bouche s'ouvrant, le contact des corps s'opère en elle ; en quatrième lieu, à l'origine des poumons, puisque les corps extérieurs, de la bouche et du pharynx, se dirigent naturellement vers la partie supérieure du larynx et de la trachée-artère ; en cinquième lieu, à l'origine des appareils auditifs, olfactifs, oculaires, et enfin, à l'origine de l'appareil circulatoire général.

Chapitre septième.

CONSIDÉRATIONS GÉNÉRALES
SUR LA SENSIBILITÉ.

Si nos appareils, et les tissus généraux de chacun d'eux se trouvent modifiés par les corps extérieurs, ceux-ci servent encore à développer une propriété, au moyen de laquelle chaque animal se trouve en relation avec les corps qui l'entourent. Cette propriéte se nomme sensibilité, et elle se développe constamment, par le contact des corps sur les expansions nerveuses des surfaces libres.

Les surfaces libres, où la substance nerveuse se présente naturellement au contact des corps extérieurs, sont les surfaces épidermoïques et muqueuses. C'est aussi à ces surfaces que s'opère le contact des corps sur l'expansion des nerfs, et primitivement le phénomène de la sensibilité; mais comme la propriété de sentir tient d'une part aux nerfs, et de l'autre aux corps extérieurs, cette propriété est plus manifeste aux appareils où il y a une plus grande quantité de nerfs, et où les corps extérieurs peuvent aborder facilement, qu'aux appareils où il n'existe presqu'aucuns nerfs, et où les corps extérieurs ne peuvent pénétrer que très-indirectement. C'est cette proposition qu'il s'agit de démontrer, en examinant la sensibilité particulière de chacun des appareils qui composent l'homme.

Les tissus qui forment l'enveloppe extérieure des animaux, n'étant protégés que par des poils, étant de tous les tissus des appareils les plus étendus, les plus vivans, les plus sensibles et les plus aptes à recevoir le contact des corps qui les entourent, forment aussi l'appareil où la sensibilité se développe avec plus de facilité. Mais ce développement s'opère plus souvent et plus facilemment aux régions de l'enveloppe extérieure, où il existe une plus grande quantité de nerfs, et auxquelles on ne remarque aucun poil qui puisse empêcher les corps environnans d'arriver sur les expansions nerveuses. Ces régions sont : les parties antérieures et latérales de la tête, où l'enveloppe extérieure se replie, pour former des cavités; l'extrémité des doigts, des mamelons, de la verge chez l'homme; à la vulve, au clitoris, etc. chez la femme ; à l'anus et à l'extrémité des orteils.

Les autres régions épidermoïques de l'enveloppe extérieure, étant plus ou moins pourvues de nerfs, sont aussi plus ou moins sensibles, mais au total, le nombre des nerfs diminuant de la tête aux pieds, la diminution de la sensibilité suit cette progression, et le contact des corps extérieurs se fait aussi plus difficilement, à cause des poils dont les animaux sont pourvus, là où il existe peu de nerfs.

Le développement de la sensibilité se fait aux tissus musculeux de l'enveloppe extérieure, comme aux tissus sous-épidermoïques, à cette différence près, que le développement de la sensibilité des expansions nerveuses du tissu musculeux, se fait primitivement par le sang seulement; tandis que le développement de la sensibilité des expansions nerveuses sous-épidermoïques, se fait primitivement par le sang, et par les corps extérieurs, tout à la fois. D'où résulte qu'en considérant les nerfs comme les premiers moteurs de toutes les maladies, de concert avec les corps extérieurs, si le développement de la sensibilité des expansions nerveuses du tissu musculeux de l'enveloppe de l'animal, ne peut avoir lieu que par le sang, il sera évident pour tout le monde que les expansions nerveuses sous-épidermoïques étant également en contact avec le sang, et de plus avec les corps extérieurs, le développement de la sensibilité, chez ces dernières expansions, se fera bien plus facilement, et qu'elles auront plus de propension aux maladies que les expansions nerveuses du tissu musculeux.

Comme au tissu musculeux, le développement de la sensibilité du tissu osseux se fait par le concours du sang sur l'expansions des nerfs. On ne remarque de différence que dans l'organisation particulière des os en général, comparée à celle des muscles; que dans la disposition particulière des extrémités osseuses, et

dans les frottemens qu'exercent deux extrémités osseuses l'une sur l'autre.

Les vaisseaux et les nerfs venant se
terminer aux extrémités osseuses, quand
le développement de la sensibilité a lieu
à ces extrémités , les expansions nerveuses sont non seulement excitées par
le sang, mais encore par les frottemens
qu'exerce une surface articulaire sur l'autre , phénomène qui explique la préfé-
rence qu'ont les maladies à se fixer aux
extrémités osseuses, indépendamment de
leur organisation particulière.

Le développement de la sensibilité se
fait aux tissus sous-muqueux, musculeux,
cartilagineux et osseux des appareils génitaux , digestif, respiratoire, auditifs, olfactifs, oculaires et circulatoires, comme
aux tissus de l'enveloppe extérieure de
l'homme, par le contact du sang et des
corps extérieurs sur les expansions nerveuses, sous-muqueuses ; par le contact
du sang et par les frottemens seulement,
sur les expansions des nerfs, des tissus
musculeux, cartilagineux, et osseux

Il n'existe de différence entre le développement de la sensibilité des expan-

sions nerveuses, aux surfaces muqueuses des appareils, et celui de la sensibilité, au tissu musculeux, etc., qu'en ce que chaque surface muqueuse, indépendamment du sang qui n'est particulier à aucun tissu des appareils, a des corps extérieurs, qui sont propres à développer la sensibilité des expansions nerveuses de chacune de ces surfaces.

Par exemple, le développement de la sensibilité des expansions nerveuses des surfaces muqueuses des organes génitaux de l'homme se fait par l'urine et le sperme, et de la femme, par les urines, le membre viril, etc.; des expansions nerveuses sous-muqueuses du canal alimentaire, par les alimens, les boissons, etc.; des expansions nerveuses sous-muqueuses des poumons, par l'air atmosphérique, et ses différentes qualités; des expansions nerveuses sous-muqueuses des appareils auditifs, olfactifs, oculaires et circulatoire, par les sons, les odeurs, la lumière et le sang.

Mais, de même que la sensibilité ne se fait pas également à toutes les parties de l'enveloppe extérieure de l'homme, de même aussi ce phénomène ne s'opère pas également dans toutes les parties des sept derniers appareils qui proviennent de l'enveloppe extérieure.

Par exemple, à la verge, chez l'homme, le développement de la sensibilité se fait bien plus rapidement au canal de l'urètre, vis-à-vis la couronne du gland, et au col de la vessie que dans les autres parties du même canal ; chez la femme, au canal de l'urètre, aux petites lèvres, au clitoris et au vagin qu'à la matrice ; au canal alimentaire, à la bouche, au pharynx, à l'œsophage, à l'estomac et à l'anus qu'aux autres parties du même intestin ; aux poumons, à la partie supérieure du larynx que dans les ramifications bronchiques ; aux appareils auditifs, olfactifs, oculaires et circulatoires, à la trompe d'eustache, d'une part, et dans le fond du conduit auditif externe de l'autre, au plaucher et aux parties latérales des fosses nasales, au canal lacrymal, et à la conjonctive ; enfin à l'origine des vaisseaux qu'aux autres parties des quatre appareils que nous venons de nommer.

.La raison de ces phénomènes provient de l'existance d'une plus grande quantité de vaisseaux et de nerfs, aux parties que nous avons indiquées, et du plus facile abord des corps extérieurs sur eux; d'où dérivent aussi des altérations bien plus fréquentes dans ces différentes régions très-sensibles et très-vivantes, que dans les autres régions des appareils qui forment l'animal.

Chapitre huitième.

EXAMEN GÉNÉRAL

DE LA PROPAGATION

DES SENSATIONS

PAR LES CORDONS NERVEUX AU CERVEAU,

ET DE CELUI-CI

PAR LES NERFS.

AUX ORGANES.

LORSQU'UNE sensation, à quelque dégré qu'elle soit, s'est développée par le concours de l'action des corps extérieurs sur l'expansion des nerfs, elle est ensuite transmise par les cordons nerveux au cerveau, et de celui-ci par les nerfs aux organes.

Cette assertion est si vraie, qu'il serait impossible, sans l'admettre, de concevoir le mécanisme des sensations. En effet, puisque toutes les recherches anatomiques et physiologiques, faites jusqu'à ce jour, prouvent que les nerfs portent les sensations au cerveau ; que le cerveau modifie ces sensations, et que modifiées par l'encéphal, elles ne peuvent en sortir qu'à la faveur des cordons nerveux, qui sont les seuls agens pour desservir le cerveau ; on est forcé de convenir que le mécanisme des sensations s'exécute comme nous l'avons dit précédemment.

Pour avoir des notions encore plus précises des sensations, il serait à désirer que l'anatomie nous eût mis à lieu de juger, par nos sens, si le même ordre de nerfs qui porte les sensations au cerveau, les rapporte, de cet organe, aux différens tissus sensibles des appareils ; mais sur ce point l'anatomie nous laisse dans une ignorance profonde.

Quoiqu'il en soit des agens qui transmettent et émettent les sensations, il est constant qu'une sensation rendue au cerveau, déborde par les cordons nerveux inhérens à l'encéphal, dans toutes les parties sensibles de l'économie animale, comme je vais le prouver, en citant un ... dans chaque appareil qui compose l'homme. 1.° Pour l'enveloppe extérieure des animaux, une piqûre ; 2.° pour les organes génitaux, le coït ; 3.° pour le canal alimentaire, la saveur d'un mets délicieux ; 4.° pour la trachée-artère, un gaz irritant ; 5.° pour l'appareil auditif, un son aigu ; 6.° pour l'appareil olfactif, une odeur méphitique ; 7.° pour l'appareil oculaire, une lumière trop vive ; 8.° enfin, pour l'appareil circulatoire général, une surabondance sanguine, ou un liquide irritant, injecté dans les vaisseaux.

Chacune de ces sensations étudiée isolément, occasionne une commotion, qui se propage dans tout notre individu, et dont les traces cependant, sont plutôt et plus long-temps apparentes dans la partie primitivement affectée.

Il suffit d'observer sur soi l'action de ces phénomènes, pour en acquérir la preuve, et pour se convaincre que dans la plupart des circonstances, les sensations que nous éprouvons ne sont pas au dessus de toute explication.

Actuellement, si on cherchait à déterminer pourquoi une sensation rendue au cerveau et à ses prolongemens, sort par tous les cordons nerveux qui en proviennent, on pourrait dire qu'après être rendue au cerveau en général, elle se répand universellement dans la pulpe cérébrale, etc. , à cause de l'homogénéité de celle-ci ; et que de cette pulpe, elle est ensuite chassée, en partie ou en totalité, jusqu'à l'extrémité des cordons nerveux, partant du cerveau et de ses prolongemens. On pourrait dire encore que le corps qui a développé une sensation, est à la substance nerveuse, ce qu'est le sang pour le cœur qui se contracte sous son influence.

La preuve de cette dernière assertion se trouve dans le fait suivant : « la circulation est toujours plus rapide dans les artères les plus voisines du centre circulatoire, que dans celles qui en sont très-éloignées ; de même aussi, une sensation produit des effets plutôt appercevables, à l'extrémité des nerfs voisins du cerveau, qu'à ceux qui en sont éloignés. » L'observation suivante en est la preuve.

Un individu, après avoir reçu un coup

inattendu sur l'une des parties du corps, reste un instant stupéfait ; mais bientôt après le coup, cet individu agite les muscles de la face, des bras et en dernier lieu, les muscles des membres abdominaux, pour se soustraire à d'autres coups, ou pour se venger de ceux qu'il a reçus. On peut chaque jour observer ce phénomène, qui nous prouve bien manifestement que la transmission d'une sensation se propage en raison directe de la longueur des nerfs, du cerveau aux tissus des appareils.

Chapitre neuvième.

CONSIDÉRATIONS GÉNÉRALES

SUR

LES EFFETS DES SENSATIONS

OBSERVÉS SUR LES ANIMAUX.

Les effets primitifs d'une sensation ne sont apparens, pour le médecin physiologiste, qu'aux vaisseaux capillaires artériels, situés sous l'épiderme, sous les membranes muqueuses, dans le tissu musculeux, osseux, etc. des appareils ; parce que ces effets d'une sensation se manifestent primitivement aux solides ; que ceux-ci, comme nous l'avons dit, sont constamment situés entre les artères, d'une part, les vaisseaux absorbans, veineux et excréteurs d'autre part ; et que les solides ne sont excitables primitivement, que par le sang artériel et les corps extérieurs.

Par ces agens, les solides s'érigent plus ou moins, et les canaux artériels se resserrent tellement, que la circulation du sang, de ces vaisseaux dans les veines, etc, en est interrompue. Nous ignorons de quelle manière cette érection et ce resserrement s'opèrent; mais l'une et l'autre s'opèrent par l'action du sang artériel, et des corps extérieurs sur les solides; et l'observation démontre encore que quand il y a seulement érection des solides, qui séparent les artères des veines, il peut survenir une hémorragie, par l'extrémité des artères correspondantes, tandis que cette érection étant accompagnée du resserement des capillaires, il se fait une accumulation sanguine dans les canaux artériels, et les hémorragies deviennent impossibles dans la partie affectée.

Cette accumulation sanguine est prouvée par une tumeur, une rougeur, une chaleur et une douleur qui surviennent à la fois dans la même partie, où les effets d'une sensation se sont manifestés. Phénomènes qui ne peuvent avoir lieu que dans les capillaires artériels, puisque les

solides n'existent qu'aux extrémités de ces
artères ; et que toutes choses égales d'ail—
leurs, aucun obstacle ne peut être dans
une autre partie.

Ceci posé, supposons qu'un individu
soit frappé d'un instrument tranchant, qui
divise, dans une très-grande étendue, les
tissus sous-épidermoïques de la partie
antérieure du thorax. Une douleur, un
gonflement, une rougeur et une augmen-
mentation de chaleur surviendront dans
cette partie. L'obstacle à la circulation,
dont nous avons parlé plus haut, entre-
tiendra ces différens états, et occassion-
nera les phénomènes généraux suivans :

Le sang artériel sera retenu dans les
capillaires artériels, sous-épidermoïques
du thorax. Le sang veineux de l'individu
affecté, sera également envoyé de toute
part à l'oreillette et au veutricule droits
du cœur, à l'artère pulmonaire, aux
veines du même nom, à l'oreillette et
au ventricule gauches du cœur, qui l'en-
verra dans les canaux artériels en général,
et en particulier dans les canaux artériels
du thorax affecté. Enfin, ces derniers
vaisseaux capillaires étant très-distendus

de sang , il en résultera plusieurs phénomènes très-remarquables. D'abord les
parois des vaisseaux capillaires artériels du
thorax affecté, se distendront au point
de devenir très-gonflées de sang , et de
perdre leur ressort habituel , si le passage du sang artériel dans les vaisseaux
veineux correspondans est long-temps
interrompu ; ensuite l'oreillette et le
ventricule droits du cœur , indépendamment de l'obstacle existant aux artères épidermoïques du thorax , recevant,
sans interruption, des vaisseaux veineux
en général, la même quantité de sang,
sans pouvoir s'en débarrasser, comme
dans l'état naturel , il arrivera un mo-
ment , que le sang étant refoulé de l'extrémité des artères thoraciques aux cavités
gauches du cœur, les parois de ces cavités se contracteront très-fréquemment,
pour se débarrasser de la quantité excé-
dante de sang , provenant directement
des quatre veines pulmonaires , et par
refoulement de l'artère aorte.

En effet, l'action propre des parois des
cavités gauches du cœur est de se contracter d'autant plus souvent qu'elles con-

tiennent plus de sang dans leur intérieur; mais si la contraction de l'oreillette et du ventricule gauches du cœur ne peut plus s'opérer, à cause de la trop grande plénitude sanguine de l'aorte, de l'oreillette et du ventricule gauches du cœur, des veines pulmonaires, etc., toutes les fonctions animales se suspendront peu à peu, comme on le remarque dans les affections graves.

Ce mécanisme physiologique d'un obstacle à la circulation, ayant son siège aux capillaires artériels sous-épidermoïques du thorax, aurait lieu précisément comme nous l'avons décrit, si ces artères étaient les seuls vaisseaux qui existassent pour tous les tissus du thorax; mais il en est tout autrement.

Outre les vaisseaux capillaires artériels sous-épidermoïques du thorax affecté, nous avons les vaisseaux du même ordre qui environnent ceux-ci, les capillaires artériels, msculeux, osseux de la moëlle épinière, etc. qui communiquent plus ou moins directement avec les capillaires sous-épidermoïques du thorax affecté, et dans lesquels le sang artériel peut refluer, de manière que la circulation ne peut être interrompue, à moins que l'obstacle à la circulation, au lieu d'être partiel, comme nous l'avons dit, ne se généralisât à tous les canaux artériels du thorax, et de la mécanique animale; alors l'épiderme et les membranes muqueuses seraient plus ou moins secs, les muscles et les os sans action, les fonctions du cerveau perverties, et l'animal périrait, si cet obstacle à tous les capillaires artériels continuait d'exister pendant un certain temps.

Mais si l'obstacle à la circulation, au lieu de se généraliser, se concentrait dans un point quelconque de l'économie animale, au thorax par exemple, dans la partie où les expansions nerveuses ont été plus profondément et plus immédiatement altérées, le sang pourrait passer dans les artères les plus voisines, et produire les phénomènes suivans.

1.º Si l'obstacle dont il s'agit existait depuis un certain temps aux capillaires artériels sous-épidermoïques du thorax, par exemple, et qu'il s'étendît à la fois à une grande quantité d'artères ; le sang artériel passerait dans les canaux artériels sous-épidermoïques , musculeux, osseux et de la moëlle épinière, voisins du lieu affecté.

Ces artères étant, à leur tour, très-remplies de sang, laisseraient échapper l'excédent de ce fluide sur les surfaces correspondantes à leurs extrémités ; d'où il résulterait une sueur plus ou moins abondante, aux environs de la partie affectée, une infiltration cellulaire, ou une collection d'eau dans les cavités séreuses, etc.

2.° Si le même obstacle existait aux extrémités d'une grande quantité d'artères musculaires du thorax, alors le sang, après avoir rempli ces vaisseaux outre mesure, serait envoyé dans les canaux artériels sous-épidermoïques du tissu osseux et de la moëlle épinière corres-pondans ; d'où il résulterait encore d'a-bondantes sueurs, une infiltration cellu-laire, ou une collection d'eau dans la pleure, ou au milieu de la membrane séreuse qui enveloppe la moëlle épinière correspondant au thorax affecté.

3.° Que l'obstacle à la circulation se manifeste aux extrémités des artères appartenant à un ou à plusieurs os du thorax; ces artéres, étant distendues outre mesure par le sang artériel, renverraient les nouvelles colonnes de sang qu'elles recevraient, soit dans les artères musculaires ou épidermoïques, ou de la moëlle épinière correspondante, qui retiendraient ce sang ou s'en déchargeroient par leurs extrémités aux surfaces libres voisines.

4.° Que cet obstacle existe isolément aux extrémités des artères de la moëlle épinière du thorax; le sang après avoir, comme dans les cas précédens, distendu ces artères outre mesure, serait envoyé dans les artères des tissus osseux, musculaires, et sous-épidermoïques correspondans.

Ces exemples des effets d'une sensation primitive, ayant tour-à-tour leur siège aux différens tissus du thorax, sont applicables à tout autre effet d'une sensation, ayant son siège aux différens tissus simples, qui composent les autres parties de l'enveloppe extérieure, ou les appareils provenant de cette enveloppe, puisque les tissus qui les composent sont formés des mêmes élémens, et mis en action par les mêmes causes générales.

Chaque effet d'une sensation, au lieu d'être borné à un seul tissu, peut aussi s'étendre au tissu le plus voisin du lieu affecté. Dans certains appareils ou parties d'appareils, il serait même impossible de concevoir l'affection bornée à un seul tissu simple ; car ces tissus sont tellement rapprochés l'un de l'autre, comme aux parois du canal alimentaire, par exemple, qu'ils nous paraissent confondus ensemble ; alors les effets d'une sensation ont toujours lieu dans le même temps aux tissus sous-muqueux, musculeux, etc., d'un appareil où les tissus généraux qui le composent se trouvent en partie confondus.

Quoique les effets d'une sensation se manifestent également dans tous les tissus généraux qui composent un animal, et dans lesquels on observe des artères ; cependant, il est certains de ces tissus qui sont plus prédisposés les uns que les autres aux effets des sensations. Les tissus sous-épidermoïques et muqueux en sont des exemples , parce qu'ils sont continuellement en contact avec le sang et les corps extérieurs; tandis que les tissus musculeux, osseux, etc. généraux , ne sont en contact qu'avec le sang seulement.

Chapitre dixième.

CONSIDÉRATIONS GÉNÉRALES

SUR LES PRODUITS

QUI RÉSULTENT

DES EFFETS D'UNE SENSATION.

LES effets généraux d'une sensation ayant été examinés en particulier à chacun des tissus simples qui composent les appareils, et dans l'ensemble général de ces tissus, il s'agit de déterminer dans ce chapitre, d'où viennent les produits qui résultent des effets prolongés d'une sensation ; si ces produits ont la même couleur, la même densité et la même propriété à une surface libre, qu'aux tissus musculeux, osseux, etc. ; quelles sont les causes générales qui font varier ces produits.

Chez l'homme, par exemple, les produits qui résultent des effets d'une sensation, proviennent des artères, parce que le sang artériel, après s'être accumulé dans les canaux qui le contiennent, s'échauffe au bout d'un certain temps, de telle sorte que la décomposition s'en fait ; tandis que le sang veineux, ne pouvant s'accumuler dans les capillaires veineux, ne peut aussi ni s'échauffer plus que de coutume, ni se décomposer par conséquent, lors même que ce sang aurait les qualités du sang artériel.

Lorsque les artères ont été longtemps resserrées à leur extrémité, et que le sang artériel a eu le temps de se décomposer dans ces canaux, leur extrémité se relache, pour donner issue à un produit qu'on nomme *pus*, quand aucune cause physique n'empêche ce produit d'être expulsé de la partie où il a été formé. Mais il est d'observation que le pus varie infiniment en densité, en couleur et en propriétés, soit qu'on examine ce produit à une surface libre, où qu'on l'examine au tissu musculeux, osseux, cérébral, etc.

La raison de ce phénomène nous paraît être dans la situation absolue des artères, dans leur arrangement particulier, et dans la facilité qu'ont les corps extérieurs à aborder sur elles. En effet, il est des artères capillaires qui sont très-superficielles, et d'autres qui sont très-profondément situées. Il en est qui se replient rarement ; d'autres au contraire qui se pelotonnent à tel point, qu'on serait tenté de croire homogène la masse qu'elles forment.

Enfin, il est des artères qui semblent elles-mêmes rechercher le contact des corps extérieurs, et d'autres qui semblent s'en éloigner.

Ces trois différences principales introduisent les variétés fondamentales qu'on observe au pus, provenant des différens ordres d'artères que je viens de nommer.

Les artères superficielles sont toutes situées au dessous de l'épiderme et des membranes muqueuses ; les artères profondes sont au contraire situées dans les muscles, les os, la moëlle épinière, le cerveau, etc.

Les artères qui se replient le plus
rarement, sont toutes situées au dessous de
l'épiderme et des membranes muqueuses;
celles qui se pelotonnent, au contraire,
forment les glandes, pénètrent les muscles,
les os, la moëlle épinière, le cerveau, etc.

Enfin, les artères sous - épidermoïques
et sous-muqueuses se laissent, elles seules,
aborder par les corps extérieurs, tandis
que les artères glandulaires, musculaires,
osseuses de la moëlle épinière, du cerveau, etc., sont à l'abri de ce contact.

D'où il résulte que les corps extérieurs,
pouvant aborder l'extrémité des artères
sous - épidermoïques et sous - muqueuses
tuméfiées, donnent une couleur ordinairement blanche au pus venant de ces artères;
tandis que le pus provenant de la tumé-
faction des artères musculaires, osseuses,
de la moëlle épinière, du cerveau, etc.,
prend une couleur qui varie selon les
tissus d'où il vient, et diffère totalement
de la couleur du pus provenant des artères
sous-épidermoïques et sous-muqueuses.

La densité du *pus* est infiniment variable,
soit qu'on l'examine aux tissus sous-épidermoïques et sous-muqueux, aux tissus

musculeux, osseux de la moëlle épinière, du cerveau, etc.; mais ce phénomène n'est pas aussi saillant que les propriétés dont il jouit. En général, le pus provenant des artères sous-épidermoïques et sous-muqueuses, peut être contagieux, quand il s'est combiné à certains corps, qui en altèrent les propriétés; tandis que le pus provenant des artères musculaires, osseuses, cérébrales, etc., étant à l'abri du contact immédiat des corps extérieurs, n'est jamais contagieux à la sortie de la cavité où il avait été retenu. Qu'on vérifie ce fait, et on se convaincra de sa réalité.

Chapitre onzième.

EXAMEN GÉNÉRAL

Des causes qui entretiennent la suppuration, et occasionnent la désorganisation des tissus qui composent les appareils.

C'est une chose bien surprenante que les mêmes corps qui nous font vivre, qui nous maintiennent dans un équilibre parfait, qui produisent les sensations diverses que nous éprouvons, qui en occasionnent les effets, deviennent ensuite cause de notre destruction. Cependant c'est une vérité frappante, qu'on ne saurait combattre par aucun argument décisif.

Telle est la destinée des animaux, ils naissent pour vivre, s'accroître, dépérir et mourir, par l'action même des corps d'où ils avaient tiré leur première source d'existence.

Le sang artériel, d'où naissent les premiers rudimens de nos appareils, qui fournit les matériaux de leur accroissement, qui entretient chaque appareil dans l'état de vie, qui modifie les tissus généraux de chaque animal, qui donne à chacun de ces tissus la forme, la couleur, la densité, la force, les propriétés, et la perfection dont ils jouissent ; ce sang enfin qui dispose favorablement les tissus nerveux à nous faire jouir de la faculté inexprimable de sentir, préside encore aux effets des sensations, distend les vaisseaux dans lesquels il abonde avec trop de profusion, ou les nourrit tellement, que les parois de ces vaisseaux finissent par s'oblitérer et par se désorganiser, ainsi que tous les tissus qui se trouvent dans le voisinage.

Cependant, le sang artériel qui a tant de propriétés différentes, et on pourrait même dire opposées, quant au but, n'agit pas sur les vaisseaux capillaires artériels, situés superficiellement, comme sur les vaisseaux qui occupent l'intérieur de certains tissus, ou qui se roulent en masses plus ou moins volumineuses.

En effet , si le sang artériel arrive plus facilement dans les capillaires superficiels, à cause de leur direction , que dans les capillaires profonds et roulés sur eux-mêmes ; d'autre côté, une altération ayant lieu à un vaisseau capillaire superficiel , ne communiquera pas si facilement son affection à une artère voisine , qu'une artère glandulaire altérée , par exemple, aux artères glandulaires contiguës , parce que les artères superficielles sont plus éloignées l'une de l'autre que les artères glandulaires.

Cette explication simple et naturelle donne raison de la tendance qu'ont les glandes à rester affectées , et de la diffi-culté qu'on éprouve à guérir ces affec-tions.

Mais on serait grandement dans l'erreur, si on croyait que le sang artériel est la cause unique de la destruction de nos tissus. Il est en outre une multitude de corps qui font vivre les animaux , et finissent, comme le sang artériel , par les désorganiser.

Ces corps qui comprennent les règnes organiques et inorganiques , appliqués sur nos tissus sur-excités , se combinent avec eux, changent leur nature et leur propriété, en forment des masses inorganiques plus ou moins informes , et les tissus animaux enfin, rentrent dans le règne inorganique d'où ils étaient sortis.

Mort naturelle.

Après avoir décrit de quelle manière s'opère la désorganisation accidentelle des appareils qui composent l'animal, nous allons rapidement indiquer comment ils meurent naturellement.

Les fluides prédominent beaucoup plus sur les solides de l'homme naissant, que dans un âge plus avancé. De dix à vingt ans, et même avant, ils se meuvent tous les deux si facilement sous l'empire des causes générales qui les excitent, qu'un individu de cet âge est presque toujours en activité.

Mais de vingt à trente ans, leur excitabilité diminue par nuances remarquables. De trente à quarante ans, leur motilité se ralentit encore dans une progression plus marquée. De quarante à cinquante ans, l'homme se retire ordinairement de la société des autres hommes, où moins agile encore, ses fluides et ses solides prédominent davantage dans ses appareils internes.

De cinquante à soixante ans, les fluides et les solides changent tellement de nature, qu'ils forment ensemble une masse difficile à déplacer. Le moral, sous l'influence du physique, s'altère, et l'homme, naguères guidé par le flambeau de la raison, ne l'est bientôt plus que par son ombre. On s'en apperçoit encore d'avantage, à mesure qu'il devient ou octogénaire, ou même centenaire. A ces derniers âges surtout, l'influence du physique sur le moral devient tellement évidente, que le physiologiste, guidé par la nature, peut rassembler une multitude de faits qui le prouvent. En effet, toutes les fois que nos appareils cessent de vivre par décrépitude, ce n'est qu'après avoir été trop long-temps soumis à l'action des corps de la nature, qui les ont enfin réduits en masses inertes.

Alors les capillaires artériels des appareils en général, étant de tous les vaisseaux les plus éloignés du centre circulatoire, se resserrent par les progrès insensibles de l'âge, se convertissent ensuite en ligamens, ou s'ossifient en même temps qu'ils cessent d'alimenter les tissus auxquels ils portaient la nourriture.

Ce phénomène, qui peut se généraliser, commence d'abord à s'opérer aux artères des appareils les derniers formés, chez les animaux ; parce que ces artères sont à la fois d'un moindre calibre, et plus éloignées du centre circulatoire que les artères des autres appareils ; et par ces raisons, l'homme décrépit perd successivement l'usage de la vue, de l'odorat, de l'ouïe, de la respiration, de la digestion, des organes générateurs, et enfin de son enveloppe extérieure qui le constitue primitivement.

RÉSUMÉ.

Des descriptions générales qui ont été données des tissus qui composent l'homme, et des Considérations Physiologiques qui en ont été déduites, on peut tirer les propositions suivantes.

1.° L'homme est recouvert d'un tissu épidermoïque qui se replie pour tapisser toutes les cavités muqueuses.

2.° Le derme est situé au côté interne de l'épiderme, et au côté externe des membranes muqueuses, suit leur trajet, et se modifie comme ces membranes.

3.° Le tissu musculeux, placé au côté interne du derme cutané, et au côté externe du derme muqueux, parcoure le même trajet que l'un et l'autre

4.° Le tissu cellulaire unit ensemble les trois tissus précédens, se transforme en membranes, tendons, cartilages et os.

5.° *Des replis multipliés des tissus de chaque appareil, naissent les vaisseaux absorbans, veineux, artériels et excréteurs.*

6.° *Au milieu de ces canaux circulent la lymphe, le sang veineux, artériel, et les fluides sécrétés.*

7.° *Le sang artériel donne naissance aux solides et aux nerfs.*

8.° *L'action des corps sur les expansions nerveuses de l'homme, développe une propriété qu'on appelle* sensibilité.

9.° *La sensibilité se propage des cordons nerveux au cerveau, et de celui-ci aux expansions nerveuses des appareils.*

10.° *Les effets des sensations ne sont apparens, pour le médecin physiologiste, qu'aux vaisseaux capillaires artériels.*

11.° *Le produit qui en résulte se nomme* pus, *variable suivant les tissus où il a été formé.*

12.° *Les causes qui entretiennent la suppuration et désorganisent l'animal, sont le sang et les corps extérieurs.*

13.° *Enfin, la mort naturelle s'opère des derniers aux premiers appareils formés.*